Regelung der Motoren elektrischer Bahnen.

Fünftes Kapitel.

Sechstes Kapitel.

Siebentes Kapitel.

Achtes Kapitel.

Inhaltsverzeichniss.

Vorwort.

Das vorliegende kleine Werk war ursprünglich dazu bestimmt, den ersten Theil einer grösseren Arbeit über elektrische Bahnen zu bilden, während der zweite die Stromvertheilung behandeln sollte. Inzwischen war die Aufforderung an mich ergangen, das den letzteren Gegenstand behandelnde Bell'sche Werk: „Power distribution for electric Railroads" zu bearbeiten, nach dessen Erscheinen mir eine weitere Arbeit über Stromvertheilung vorerst nicht erforderlich erscheint. Ich entschloss mich daher, den ersten Theil des geplanten Buches, der ohnehin ein in sich abgeschlossenes Ganzes bildet, für sich herauszugeben und behalte mir vor, ein entsprechendes weiteres Werk über Stromvertheilung für elektrische Bahnen folgen zu lassen, sobald ein Bedürfniss dazu vorliegt.

Den Gegenstand des Buches habe ich verschiedentlich in meinen Vorlesungen über elektrische Bahnen behandelt, jedoch ist die vorliegende Darstellungsweise wesentlich einfacher und stellt geringere Anforderung an die Vorkenntnisse des Lesers, sodass das Buch auch jedem Praktiker dienlich sein wird.

Karlsruhe, im Januar 1899.

Dr. Rasch.

Druck von Oscar Brandstetter, Leipzig.

Regelung der Motoren

elektrischer Bahnen.

Von

Dr. Gustav Rasch,

Privatdocent an der technischen Hochschule zu Karlsruhe.

Mit 28 in den Text gedruckten Figuren.

Berlin. 1899. **München.**
Julius Springer. R. Oldenbourg.

Erstes Kapitel.

Die Bahnwiderstände.

Widerstand auf der graden Strecke — Kurvenwiderstand — Steigungen — Gefälle — Beschleunigung — Empirische Bestimmung des Zugkoefficienten.

———

Während ein elektrischer Motorwagen eine gewisse Strecke zurücklegt, wird der Leitung oder der mitgeführten Akkumulatorenbatterie ein grösserer oder geringerer Betrag elektrischer Arbeit entnommen. Von dieser Arbeit geht ein Theil bereits im Motor und im Getriebe verloren; er wird direkt oder indirekt in Wärme umgesetzt. Der zweite Theil kommt an den Laufrädern zur Geltung und wird zur Fortbewegung des Fahrzeuges verwendet. Dieser letztere Theil — die Nutzarbeit — steht in einem nahezu festen Verhältniss zur aufgenommenen Arbeit, d. h. der totale Wirkungsgrad des Wagens ist nahezu konstant.

Die am Radumfang zur Geltung kommende Nutzarbeit wird verbraucht:

1. auf Ueberwindung der Bahnwiderstände,

2. auf theilweise Ueberwindung der Schwerkraft, beim Fahren auf Steigungen,

3. auf Erhöhung der lebendigen Kraft bei Steigerung der Fahrgeschwindigkeit.

Im ersten Falle ist der Arbeitsverbrauch stets positiv. In den beiden anderen Fällen kann er auch negativ sein; es kann also ein Arbeitsgewinn eintreten, und zwar beim Fahren auf einem Gefälle sowohl, als auch beim Vermindern der lebendigen Kraft (Bremsen).

Arbeit ist das Produkt aus Kraft und Weg. Dividiren wir also den nutzbaren Arbeitsaufwand durch den zurückgelegten Weg, so ist das Ergebniss eine gewisse Kraft, die wir Zugkraft nennen. War der Arbeitsverbrauch für die Wegeinheit während der ganzen Bewegung derselbe, so haben wir eine konstante Zugkraft; andernfalls liefert uns die genannte Division den mittleren Werth der Zugkraft.

Unter Bahnwiderständen wollen wir alle sich der Bewegung des Wagens oder Zuges widersetzenden Kräfte verstehen. Wir können dieselben eintheilen in:

1. Widerstände auf der graden Strecke und
2. Widerstände in Kurven.

Die ersteren sind theils unabhängig von der Fahrgeschwindigkeit, theils dem Quadrate derselben proportional. Unabhängig von der Geschwindigkeit sind die widerstehenden Kräfte der Zapfen- und Schienenreibung. Erstere sind dem Gewicht des besetzten Wagens ausschliesslich der Räder, letztere dem Totalgewicht desselben, also einschliesslich der Räder proportional.

Versteht man unter G, in Tonnen gemessen, das Gewicht des vollbesetzten Wagens, unter Q das der Räder allein, so lässt sich die Zapfenreibung darstellen durch den Ausdruck: $\gamma \cdot (G - Q)$ die Schienenreibung durch: $\delta \cdot G$, wo γ und δ konstante Grössen sind. Beide widerstehenden Kräfte zusammen also durch:

$$\gamma \, (G - Q) + \delta \cdot G = (\gamma + \delta) \, G - \gamma \cdot Q.$$

Schreibt man statt dessen kurzweg $\alpha \cdot G$, so hat man α für den Ausdruck: $\gamma + \delta - \gamma \cdot \dfrac{Q}{G}$ gesetzt. α ist also nicht konstant, sondern in geringem Grade abhängig von der Besetzung des Wagens, welche den Ausdruck G beeinflusst. Diese Abhängigkeit ist aber sehr unbedeutend, und man wird daher vortheilhafterweise Zapfen- und Schienenreibung in den Ausdruck $\alpha \cdot G$ zusammenziehen. Diese Widerstände sind wie alle Kräfte in kg zu messen, das Wagengewicht G in Tonnen; α, oder der Zugkoefficient, ist also der Widerstand der

Zapfen und Schienenreibung, oder auch die zur Ueberwindung dieses Widerstands erforderliche Zugkraft in kg pro Tonne Totalgewicht.

Widerstehende Kräfte, welche von der Fahrgeschwindigkeit abhängen, sind der Luftwiderstand und der Widerstand der Schienenstösse. Der letztere besteht in einer Anzahl periodisch wiederkehrender Stösse gegen den in Bewegung befindlichen Wagen, während beim Luftwiderstand diese Stösse in unendlich kurzen Zeitintervallen widerkehren. Jeder Stoss bewirkt einen Verlust an lebendiger Kraft, und ist somit der hieraus resultirende Bahnwiderstand dem Quadrat der Geschwindigkeit proportional zu setzen.

Somit können wir den totalen Widerstand auf der graden Strecke durch einen Ausdruck von der Form: $(\alpha + \beta c^2) G$ darstellen, worin c die Fahrgeschwindigkeit in Kilometer pro Stunde bedeutet. Der Zugkoeficient wäre also durch: $\alpha + \beta c^2$ darzustellen. Der letztere quadratische Theil ist jedoch für niedere und mittlere Fahrgeschwindigkeiten so klein, dass man ihn, ohne einen grossen Fehler zu begehen, vernachlässigen kann, wie nachfolgendes Beispiel zeigen wird:

Für die mittleren Werthe von α und β finden sich Anhaltspunkte in der „Hütte" und zwar ist β für Bahnen von 1 m Spurweite hiernach mit 0,0025[1]) anzusetzen. Für α dagegen wollen wir zunächst einen Werth benutzen, der sich auf Strassenbahnverhältnisse bezieht, und einer diesbezüglichen Messung entnommen werden kann.

Bei Gelegenheit der Frankfurter Ausstellung 1891 verkehrte zwischen dem Ausstellungsplatz und dem Opernhaus ein Motorwagen der Firma Siemens & Halske, auf den sich die folgenden Zahlen beziehen:

Verbrauch an elektrischer Arbeit pro Tonnen-Kilometer = 58 Wattstunden (durchschnittlich). Bei einer mittleren Geschwindigkeit von 10,5 km pro Stunde ergab sich der totale Wirkungsgrad, d. i. das Verhältnis der an den Laufrädern abgegebenen zu der an den Motorklemmen aufgenommenen Arbeit = 70%, bestimmt durch Bremsung der Laufräder.

---

[1]) Baumeister, Organ für die Fortschritte des Eisenbahnwesens 1880, S. 106 ff. giebt 0,0023 c^2 kg pro Tonne.

Bei einem Wagengewicht von G Tonnen wurden also pro Wagenkilometer vom Motor aufgenommen: $58 \cdot G$ Wattstunden oder $58 \cdot G \cdot 3600$ Wattsekunden oder:

$$58 \cdot G \cdot \frac{3600}{9,81} \text{ mkg.}$$

Hiervon sind 70% an den Laufrädern wirksam abgegeben

$$= 0,70 \cdot 58 \cdot \frac{3600}{9,81} \cdot G = 14\,900\,G \text{ mkg.}$$

Bei einem Zugkoefficienten a und 1000 m Fahrstrecke muss diese Arbeit $= a \cdot G \cdot 1000$ sein, woraus folgt: $a = 14,9$.

Nach der „Hütte" ergiebt sich der Koefficient a für Lokomotiven mit 2 Triebachsen zu $4 \cdot \sqrt{2} = 5,66$ kg pro Tonne, jedoch bezieht sich dieser Werth auf Bahnen mit eigenem Bahnkörper und Kopfschienen. Bei Strassenbahnen und Rillenschienen im Strassenniveau ist naturgemäss ein höherer Widerstand zu erwarten und zwar einmal, weil die Rillenschiene an sich mehr Reibung verursacht als die Kopfschiene, und dann wegen der unvermeidlichen Unreinheit einer Schiene im Strassenniveau. Trotzdem erscheint der oben ermittelte Koefficient $a = 14,9$ recht hoch und darf auch, mit Rücksicht darauf, dass die zahlreichen Kurven in obiger Rechnung nicht berücksichtigt sind. auf 12 kg pro Tonne herabgesetzt werden. $\beta \cdot c^2$ ergiebt aber für $\beta = 0,0025$ und $c = 12$ nur 0,36, beeinflusst also den Zug-Koefficienten nur um 3% und es ist daher berechtigt, bei geringerer Geschwindigkeit, von diesem quadratischen Gliede ganz ab- und den Koefficienten als unabhängig von der Fahrgeschwindigkeit anzusehen. a kann man somit näherungsweise für Bahnen auf eigenem Bahnkörper $= 6$ bis 10, für solche im Strassenniveau 10 bis 12 setzen.[1]

Ueber die Grösse des Widerstandes in Kurven gehen die Ansichten der Fachmänner sehr stark auseinander. Damit das Gleiten der Räder auf ein möglichst geringes Maass beschränkt werde, ist dafür zu sorgen, dass der Rollkreis

---

[1] Anhaltspunkte für die Bemessung des Zugkoefficienten für höhere Geschwindigkeiten und Bahnen mit eigenem Bahnkörper finden sich im 9. Kap. der Stromvertheilung für elektrische Bahnen von Bell-Rasch.

des inneren Rades einen kleineren Durchmesser erhalte als
der des äusseren; man erreicht dies, indem man dem Spurkranz konische Form giebt. Die Rücksicht auf die Centrifugal-
kraft bedingt die Ueberhöhung der äusseren Schiene; der
Spurkranz des äusseren Rades wird gegen die Schiene ge-
presst, und es entsteht eine Reibung zwischen Spurkranz und
Schiene, die auf der graden Linie nicht vorhanden ist. Bei
Rillenschienen ist auch auf der Hand liegend, dass der Spurkranz in Kurven an den Seitenwänden der Rille reiben
muss. Die Reibung ist um so grösser, je kleiner der Kurvenradius ist.

Ueber die Abhängigkeit des Kurvenwiderstandes vom
Kurvenradius existiert eine Reihe von Formeln, von denen
aber kaum zwei nebeneinander bestehen können. Der all-
gemeine Ausdruck ist der von Bödecker in seinen interessanten
Untersuchungen über diesen Gegenstand gegebene:

$$\varrho = \frac{K}{(R-R_0)^x},$$

worin ϱ den zusätzlichen Kurvenwiderstand in kg pro Tonne,
R den Kurvenradius in m und K, R_0 und x konstante Grössen
bedeuten. Den Wert x giebt Bödecker zu 1,1 an. Mit Rücksicht darauf, dass das Ergebnis dieser Berechnung doch nur
ein angenähertes sein kann, ist es jedoch berechtigt, den
Exponenten x gleich der Einheit zu setzen, also zu schreiben:

$$\varrho = \frac{K}{R-R_0},$$

welchem Ausdruck die sämmtlichen sonst bekannten Formeln
mit einer kleinen Abweichung genügen. Die letztere findet
sich in der Launhardtschen Formel:

$$\varrho = \frac{1700}{R} - 2,$$

welche aber hier ausser Betracht bleiben kann, weil sie nur
für ganz grosse Radien passende Werthe liefert.

Im übrigen finden sich folgende Angaben über die Werthe
von K und R_0:

		K	R_0
1.	Prüfungskommission der Frankfurter Elektrischen Ausstellung, vgl. Officiellen Bericht der letzteren	$150 \times$ (Spurweite $+$ Radstand) z. B. für Meterspur und 1,5 Radstand $\cdot$ 375	0
2.	Braunschweigische Bahnen (Meyer, Grundzüge des Eisenbahnwesens)	750	0
3.	Englische Bahnen (Meyer, a. a. O.)	914	0
4.	Hütte II S. 83 f. Nebenbahnen m. Meterspur	400	20
5.	„ „ „ „ f. Nebenbahnen m. Normalsp.	500	30
6.	„ „ „ „ für Hauptbahnen	650	60
7.	Hoffmann, Organ f. Fortschr. d. Eisenbahnwesens	$84\,L + 21\,L^2$ wo $L =$ Radstand	45
8.	Bayerische Bahnen (Meyer a. a. O.)	650,4	55

Zunächst ist hierzu zu bemerken, dass es theoretisch nicht berechtigt ist, den Werth $R_0 = 0$ zu setzen; denn in allen Fällen wird schon für endliche Werthe von R der Kurvenwiderstand ϱ unendlich gross werden und nicht erst bei R $= 0$. Es muss aber auch R_0 immer noch kleiner sein, als der kleinste vorkommende Kurvenradius, widrigenfalls der Ausdruck keinen Sinn hätte. Da nun bei Strassenbahnen Kurven von 10 m Radius durchaus nicht ausgeschlossen sind, so folgt daraus, dass von den erwähnten Formeln, die übrigens zum Theil auch nur für Vollbahnen mit wesentlich grösseren Kurvenradien bestimmt sind, keine für Strassenbahnen passt.

In solchen Fällen genügt es vollkommen, bei kleinen Radien das Vier- bis Fünffache, bei grossen das Zwei- bis Dreifache des Widerstands auf der graden Strecke anzusetzen. Da im allgemeinen die Kurven nur einen geringen Theil der ganzen Bahnlänge ausmachen, so wird es selten von Nachtheil sein, wenn die Fahrgeschwindigkeit in denselben ermässigt wird. Nun haben aber grade die am meisten verwendeten Hauptschluss-Elektromotoren die Eigenschaft, ihre Zugkraft bedeutend steigern zu lassen, allerdings auf Kosten der Geschwindigkeit. Die dadurch bewirkte Verlängerung der Fahrzeit kommt aber grade wegen der verhältnissmässig geringen Länge der Kurven nicht wesentlich in Betracht.

Wir wollen mit ϱ den zusätzlichen Kurvenwiderstandskoefficient, gemessen in kg pro Tonne, bezeichnen und ihn je nach der Grösse des Kurvenradius gleich dem 1 bis 4 fachen Werthe von a setzen. Für die ebene Strecke würde also der Zugkoefficient $a + \varrho$ und die erforderliche Zugkraft $(a + \varrho)\,G$ sein.

Mit dieser Zugkraft wird auf einem Weg von 1 m Länge eine Arbeit geleistet, welche gleich

$$(a + \varrho)\,G \cdot 1 \cdot \mathrm{mkg} \text{ ist.}$$

Bei einem Gesammtwirkungsgrad η des Wagens ist die aufgenommene elektrische Arbeit alsdann:

$$\frac{(a + \varrho)\,G \cdot 1}{\eta} \; 9{,}81 \text{ Wattsekunden.}$$

Ist c die Fahrgeschwindigkeit in km pro Stunde, so ist die Fahrzeit:

$$= 3{,}6\,\frac{1}{c} \text{ Sekunden.}$$

Wird die Leistung W (in Watt) der Leitung oder mitgeführten Batterie entnommen, so ist die elektrische Arbeit:

$$\mathrm{W} \cdot \frac{3{,}6 \cdot 1}{c} = \frac{(a + \varrho)\,\mathrm{G} \cdot 1 \cdot 9{,}81}{\eta},$$

woraus folgt:

$$\mathrm{W} = 2{,}73\,\frac{a + \varrho}{\eta}\,\mathrm{G} \cdot c.$$

Arbeit wird weiter verbraucht zur theilweisen Ueberwindung der Schwerkraft beim Hinanfahren auf Steigungen. Ist S Fig. 1 (a. f. S.) der Schwerpunkt des Wagens, dessen vorläufig in kg gemessenes Gewicht G ist, so strebt die Kraft G im Schwerpunkt angreifend, senkrecht nach unten. Zerlegt man diese Kraft in 2 Komponenten parallel und senkrecht zur schiefen Ebene, so ist die erstere $G \sin \varphi$ bestrebt, den Wagen nach abwärts zu ziehen, wirkt also der Zugkraft direkt entgegen. Ausserdem setzt sich der Bewegungswiderstand:

$$\frac{a}{1000} \cdot G \cdot \cos \varphi$$

der Bewegung entgegen.

Die parallel der schiefen Ebene nach oben wirkende Kraft muss somit sein:

$$\frac{a}{1000} \cdot G \cdot \cos \varphi + G \cdot \sin \varphi.$$

Diesen Ausdruck kann man auch in der Form

$$\frac{G}{1000} \cos \varphi \, (a + 1000 \, \mathrm{tg} \, \varphi)$$

schreiben.

Messen wir jetzt das Gewicht in Tonnen, statt wie vorher in kg, so haben wir G an Stelle von $\frac{G}{1000}$ zu setzen. Es sei

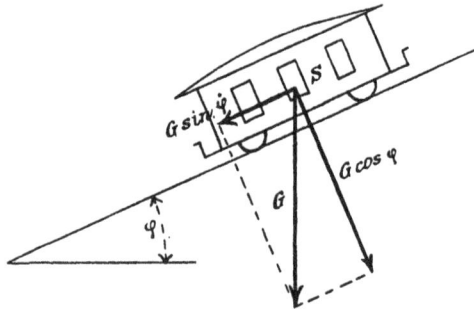

Fig. 1.

ferner σ die Steigung in Tausendsteln der horizontalen Länge, also $\frac{\sigma}{1000} = \mathrm{tg} \, \varphi$, dann geht der Ausdruck für die Zugkraft auf der Steigung über in:

$$G \cdot \cos \varphi \, (a + \sigma).$$

Da die in der Praxis vorkommenden Winkel bei Adhäsionsbahnen sehr klein sind, so kann man statt des $\cos \varphi$ die Einheit setzen, man wird dann einen kleinen Fehler machen, und zwar wird derselbe in Procent ausgedrückt,

$$100 \, (1 - \cos \varphi) \text{ sein.}$$

Einen Fehler von nur $1^0/_0$ wird man also bei einem Winkel von etwa 8^0 machen, für welchen aber bereits $\sigma = 123$ ist, während die grösste Steigung, die auf deutschen elektrischen Bahnen ohne Zahnradbetrieb vorkommt (in Remscheid) nur $\sigma = 106$ pro Mille beträgt.[1])

Wir können also bei allen Adhäsionsbahnen den Ausdruck für die Zugkraft auf Steigungen in der einfachen Form:

$$(a + \sigma) \cdot G$$

schreiben.

σ ist also einfach an Stelle des zusätzlichen Kurvenwiderstands ϱ getreten, wonach erklärlich ist, dass die Praktiker die Steigungen gradezu unter die Bahnwiderstände rechnen, wenn auch, rein physikalisch, diese Auffassung unrichtig ist. Es bedarf keines besonderen Beweises, dass der Wattverbrauch auf einer Steigung dem Gesetz:

$$W = 2{,}73 \frac{a + \sigma}{\eta} \cdot G \cdot c$$

entsprechen muss, ebensowenig ist es erforderlich, nachzuweisen, dass, falls eine Kurve in der Steigung liegt, der Werth ϱ als weiterer Summand zu $a + \sigma$ tritt.

Fährt der Wagen auf einer Steigung abwärts, so ist σ negativ zu setzen; denn die Komponente der Schwerkraft, welche parallel zur schiefen Ebene verläuft, wirkt alsdann fördernd im Sinne der Bewegung. Die eigentlichen Bewegungswiderstände dagegen stellen Kräfte dar, welche der herrschenden Bewegung stets entgegen wirken. Daher behalten a und ϱ ihr positives Vorzeichen.

Solange $a - \sigma$ bezw. $a + \varrho - \sigma$ noch einen positiven Wert hat, ist immer noch ein wirklicher Arbeitsaufwand erforderlich, um die Geschwindigkeit zu erhalten. Kehrt sich dagegen das Vorzeichen um, so muss für eine weitere, der herrschenden Bewegung entgegenwirkende Kraft gesorgt

---

[1]) Vergl. die Statistik der elektrischen Bahnen im ersten Heft der Elektrotechnischen Zeitschrift 1893.

werden, wenn nicht eine Beschleunigung des abfahrenden Zuges eintreten soll. Diese Kraft ist die Bremskraft.

Die bisherigen Betrachtungen bezogen sich auf den Beharrungszustand, bei welchem die Fahrgeschwindigkeit unverändert bleibt. Soll dieselbe erhöht oder ermässigt werden, so muss ein weiterer Betrag an elektrischer Arbeit zu- oder abgeführt werden, welcher der Veränderung der lebendigen Kraft entspricht.

Messen wir das Gewicht G zunächst wieder in kg, die Geschwindigkeit c in m/sec und die Zeit in sec, so ist die Kraft, welche neben der früher berechneten, zur Ueberwindung der Bahnwiderstände im weiteren Sinne nothwendigen Kraft erforderlich ist, um der Masse $\dfrac{G}{9,81}$ die Beschleunigung $\dfrac{dc}{dt}$ zu ertheilen:

$$\frac{G}{9,81}\ \frac{dc}{dt}.$$

Aus Kraft, Geschwindigkeit und Wirkungsgrad berechnen wir wieder, wie früher, den zusätzlichen Wattverbrauch zu:

$$W = \frac{Gc}{\eta}\ \frac{dc}{dt}.$$

Wollen wir nun die Formel auf die praktischen Maasseinheiten Tonne, Kilometer und Stunde umrechnen, so müssen wir G den Faktor 1000, c den Faktor $\dfrac{1000}{3600}$ und t den Faktor 3600 ausscheiden lassen, wir erhalten also:

$$W = \frac{Gc}{\eta}\frac{dc}{dt} \cdot \frac{1}{3,6^3} = \frac{Gc}{46,6.\eta}\ \frac{dc}{dt}$$

Wenn also eine Strecke Kurve und Steigung enthält und es soll ausserdem noch auf dieser Strecke die Geschwindigkeit gesteigert werden, so ist der Wattverbrauch:

$$W = \frac{G \cdot c}{\eta}\left((a + \varrho + \sigma) \cdot 2,73 + \frac{1}{46,6} \cdot \frac{dc}{dt}\right).$$

Ist die Beschleunigung eine gleichmässige und ist der Anfangswerth der Geschwindigkeit c_1, der Endwerth c_2, die Dauer der Beschleunigung T, so ist offenbar für irgend einen Zeitpunkt t von Beginn der beschleunigten Bewegung an die Geschwindigkeit:

$$c = \frac{c_2 - c_1}{T} t + c_1.$$

Ist die Wegstrecke, auf welcher die Beschleunigung statt-findet, L, so ist

$$\frac{L}{T} = \frac{c_1 + c_2}{2}$$

also:

$$c = \frac{(c_2 - c_1)(c_2 + c_1)}{2L} t + c_1 = \frac{c_2^2 - c_1^2}{2L} t + c_1$$

Es ist also: $\dfrac{dc}{dt} = \dfrac{c_2^2 - c_1^2}{2L}$ und:

$$W = \frac{G}{\eta} \frac{c_1 + c_2}{2} \left((a + \varrho + \sigma) \cdot 2{,}73 + \frac{1}{46{,}6} \cdot \frac{c_2^2 - c_1^2}{2L} \right).$$

Dieser Ausdruck kann dazu benutzt werden, auf Gefällen den Zugkoefficienten a für die grade Strecke zu bestimmen. Bei Gelegenheit der Frankfurter Ausstellung verkehrte ein Wagen der Maschinenfabrik Oerlikon auf der Frankfurter Wald-bahn. Auf einer graden Strecke ($\varrho = o$) von $L = 0{,}489$ km Länge mit einem Gefälle von $\sigma = -5{,}49$ pro Mille wurde eine Anfangsgeschwindigkeit $c_1 = 19{,}25$ und eine Endgeschwindig-keit $c_2 = 15{,}66$ km pro Stunde beobachtet. Der Stromkreis war offen, also $W = o$.

Die obige Formel kann für die Berechnung von a be-nutzt werden, denn da elektrische Arbeit weder zu- noch ab-geführt wurde, so stand der Wagen nur unter dem Einfluss der Schwerkraft, also einer konstanten Kraft, und musste so-mit seine Beschleunigung oder Verzögerung eine gleich-förmige sein.

Der Werth a ergab sich also aus:

$$(a - 5,49)\,2,73 + \frac{1}{46,6}\;\frac{15,66^2 - 19,15^2}{2\cdot 0,489} = 0$$

zu:

$$a = 6,46 \text{ kg pro Tonne.}$$

Die betreffende Bahn war aber keine Strassenbahn, sondern besass einen eigenen Bahnkörper, weshalb der Zugkoefficient auch verhältnissmässig niedrig ausgefallen ist. An
weniger günstigen Tagen fanden sich bei Wiederholung des
Versuchs Werthe bis zu 7,84 kg pro Tonne.

Zweites Kapitel

Entwicklung der Gleichungen.

Arbeitsübertragung — Richtung des Stromes und der elektromotorischen
Kraft — Drehrichtung des Motors — Formel für die elektromotorische
Gegenkraft bei zwei- und mehrpoligen Maschinen — Reihen- und Parallelschaltung im Anker — Die Spannung — Aufgenommene, umgesetzte,
verlorene Leistung — Wirkungsgrad — Drehungsmoment — Zugkraft
am Radumfang — Haupt- und Nebenschlussmotor beim Anfahren —
Umlaufszahl und Belastung.

————

Es stelle in Fig. 2 (a. f. S.) D eine Dynamomaschine und
M einen Motor dar, deren Pole durch zwei Leitungen verbunden sind. Wir nehmen Ringwicklung für die beiden Anker an,
weil sich die zu schildernden Vorgänge an dieser leichter darstellen lassen. Die Feldmagnete der beiden Maschinen seien in
irgend einer Weise, z. B. durch fremde Stromquellen erregt und
es liegen die Nordpole N links, die Südpole S rechts von der
Kollektorseite aus betrachtet. Der Kollektor selbst ist der
Einfachheit halber weggelassen; wir können uns die radial
gezeichneten Bürsten ja ebensogut direkt auf den Ankerdrähten schleifend denken. Wir drehen nun den Anker der
Dynamo D in dem durch die Pfeile angedeuteten Sinne. Die
Ankerdrähte schneiden die Kraftlinien des magnetischen Feldes
und es entstehen elektromotorische Kräfte, über deren Richtung wir uns durch die bekannte Fleming'sche Regel Klar-
heit verschaffen könnten. Wir wollen jedoch auf andere
Weise vorgehen. Die elektromotorischen Kräfte verursachen
bei geschlossenem äusseren Kreis in den beiden Zweigen der

Ankerbewicklung Ströme, welche sich an einer der beiden
Bürsten vereinigen, die äussere Leitung und den Motoranker
durchfliessen und bei der anderen Bürste wieder eintreten.
Diese Ströme machen den Anker gleichfalls zum Magneten
und geben demselben oben und unten je einen magnetischen
Pol. Ueber die Lage dieser Pole kann nun kein Zweifel ob-
walten. Da zur Drehung der Maschine ein Arbeitsaufwand
nothwendig ist, so müssen die Ankerpole so liegen, dass die
zwischen ihnen und den Feldpolen auftretenden, anziehenden
und abstossenden magnetischen Kräfte die Drehung zu hin-
dern streben. Der Anker D kann also in unserem Fall nur
so magnetisirt sein, dass er oben einen Südpol (s) und unten
einen Nordpol (n) hat, denn, da zwischen gleichartigen Polen
Abstossung, zwischen ungleichartigen Anziehung herrscht, so
werden bei dieser Lage die magnetischen Kräfte bestrebt sein,

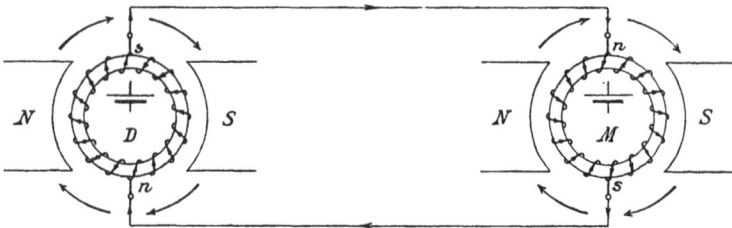

Fig. 2.

der Drehrichtung entgegenzuarbeiten. Damit ist aber auch
die Stromrichtung bestimmt, denn um einen Nordpol zu erzeugen, muss der Strom den Eisenkern in dem der Drehrichtung des Uhrzeigers entgegengesetzten Sinne um-
fliessen, während ein im Sinne des Uhrzeigers fliessender
Strom einen Südpol erzeugt. Denken wir uns also den Ring
durch einen vertikalen Schnitt in zwei Theile zerlegt, so muss
jeder Theil oben einen Südpol, unten einen Nordpol haben
und die Stromrichtung ist unzweifelhaft klar. Wäre die
Wicklungsrichtung des Ringes oder die Drehrichtung der
Maschine oder die Polarität des Feldes die umgekehrte, so
würde sich auch die Stromrichtung als umgekehrt erweisen.
In unserem Falle wird also der Strom aus dem Dynamoanker
oben austreten, wo sonach die positive Bürste liegen muss.

Der Strom wird die Leitung und den Motoranker in dem
durch die Pfeile angezeigten Sinne durchfliessen, den Motoranker also, um es kurz auszudrücken, von oben nach unten.
Denken wir uns auch den Motoranker durchschnitten und
beachten die Richtung, in welcher die Theile des Rings um-
flossen werden, so erkennen wir, dass der Südpol des
Motorankers unten, der Nordpol oben liegen muss, was
übrigens auch schon daraus hervorgeht, dass der Motor hier
dieselbe Wicklungsrichtung, aber die umgekehrte Stromrichtung der Dynamo hat. Die Wirkung der Anker- und Feld-
pole des Motors aufeinander ist nun wieder eine anziehende
und abstossende und verursacht eine Drehung, über deren
Sinn auch kein Zweifel entstehen kann. Da gleichnamige
Pole Abstossung, ungleichnamige Anziehung hervorrufen,
so kann die Drehrichtung nur die durch die Pfeile angedeutete sein.

Wir kennen nun die Richtung des Stromes und können
aus dieser rückwärts einen Schluss auf die Richtung der
elektromotorischen Kraft der Dynamomaschine D ziehen. Da
diese elektromotorische Kraft den Strom erzeugt, so muss
ihre Richtung mit der Stromrichtung zusammenfallen. Wir
wollen die Richtung in der Figur durch das Zeichen des
galvanischen Elements andeuten, dessen positiven Pol man
durch einen längeren, den negativen durch einen kürzeren
Strich bezeichnet.

Nun bewegt sich aber der Anker eines Motors unter
denselben Verhältnissen wie der einer Dynamomaschine. Auch
seine Drähte schneiden Kraftlinien des magnetischen Feldes
und es sind somit auch hier die Bedingungen für das Zustandekommen einer elektromotorischen Kraft erfüllt. In
unserem Falle, wo der Motor dieselbe Wicklungsrichtung des
Ankers, dieselbe Polarität des Feldes und dieselbe Drehrichtung besitzt wie der Stromerzeuger, muss auch die im Motor
auftretende elektromotorische Kraft mit Bezug auf den Motor
dieselbe Richtung haben wie die der Dynamo; wir werden
also in dem Anker M dasselbe Zeichen in derselben Stellung
einzeichnen.

Hier wirken also zwei elektromotorische Kräfte im gleichen
Stromkreis. Die eine sucht einen Strom im Sinne des Uhr-

zeigers, die andere einen entgegengerichteten in die Leitung
zu schicken, und das Ergebnis ist das Zustandekommen eines
Stromes, dessen Stärke der Differenz derjenigen Stromstärken
gleich ist, welche jede der beiden elektromotorischen Kräfte
einzeln wirkend in demselben Stromkreis hervorbringen würde.
Die Richtung des Stromes bestimmt dabei die grössere der
beiden elektromotorischen Kräfte, und das ist diejenige der
Dynamomaschine. Sind E_1 und E_2 die elektromotorischen
Kräfte und ist w der Widerstand des Stromkreises, so ist der
Strom J:

$$J = \frac{E_1 - E_2}{w}.$$

Wir wollen noch eins an der Figur erkennen. Denken wir
uns die Pole des Motors vertauscht, so dass N rechts und S
links zu liegen kommt, so ist nach dem Vorausgegangenen
klar, dass wir eine Umkehrung der Drehrichtung des Motors
zu erwarten haben. Dieselbe tritt auch ein, wenn der Anker
seine Polarität wechselt, während die Feldmagnete die ihrige
beibehalten, dagegen tritt keine Aenderung der Drehrichtung
ein, wenn Anker und Feldmagnete gleichzeitig ihre Polarität
ändern. Es ist also, um die Drehrichtung zu ändern, ein
Ummagnetisiren nur eines, nicht aber beider Theile, zu bewirken.

Wir haben oben die zur Erleichterung der Betrachtung
erwünschte, für deren Ergebniss aber belanglose Annahme
gemacht, die Feldmagnete des Motors seien aus einer frem-
den Stromquelle gespeist. Diese Annahme trifft natürlich in
der Wirklichkeit nicht zu, sondern die Magnetbewicklung ist
zu dem Ankerstromkreis entweder in Reihe, oder parallel geschaltet. Auf alle Fälle besteht aber die Möglichkeit, entweder den Strom in beiden Theilen zugleich, oder in einem
davon umzukehren. Nur im letzteren Falle werden wir eine
Umkehrung der Drehrichtung erzielen, weil wir durch Strom-
umkehr die Polarität eines Theils geändert haben.

Da die elektromotorische Kraft des Motors, die man, weil
sie der der Dynamomaschine entgegen arbeitet, elektromotorische Gegenkraft nennt, unter denselben Verhältnissen entsteht, wie im Stromerzeuger, so muss sie auch durch

dieselbe Formel wie diese berechnet werden können. Wir
wollen diese Formel zunächst für eine zweipolige Maschine
ermitteln.

In einem magnetischen Felde von einer Kraftlinie bewege sich ein Anker mit einem Draht und mit einer Geschwindigkeit von einer Umdrehung in der Sekunde. Es
werden dann soviel absolute Einheiten der elektromotorischen
Kraft erzeugt, als Kraftlinienschnitte durch den Draht erfolgen, also zwei. Die absolute Einheit der elektromotorischen
Kraft ist der hundertmillionste Theil der technischen Einheit, des Volt. Die erzeugte elektromotorische Kraft beträgt
somit $2 \cdot 10^{-8}$ Volt. Wenn nun die Kraftlinienzahl nicht 1,
sondern N ist, so ist auch die elektromotorische Kraft N mal
so gross, weil N mal soviel Kraftlinien bei einer Umdrehung
geschnitten werden. Beträgt die Geschwindigkeit statt einer
Umdrehung in der Sekunde U Umdrehungen in der Minute,
so haben wir den gewonnenen Ausdruck mit $\dfrac{U}{60}$, der sekundlichen Umdrehungszahl, zu multipliciren. Wenn nun die
Zahl der Ankerdrähte z statt 1 ist, so haben wir auch noch
hiermit zu multipliciren, und erhalten vorläufig den Ausdruck:

$$2 \cdot 10^{-8}\, N \cdot \frac{U}{60} \cdot z.$$

Dieser Ausdruck würde richtig sein, wenn die sämmtlichen z Ankerdrähte hintereinander geschaltet wären. Nun
besitzt aber ein zweipoliger Anker zwei Stromkreise, welche
unter sich parallel geschaltet sind. Da aber nur Hinter-
einanderschaltung die elektromotorische Kraft erhöht, und
nur $\dfrac{z}{2}$ Drähte hintereinander geschaltet sind, so haben wir in
obigem Ausdruck z durch $\dfrac{z}{2}$ zu ersetzen. Die elektromotorische Kraft bezw. Gegenkraft sei mit E bezeichnet, dann ist
für die zweipolige Maschine:

$$E = \frac{N\,U\,z \cdot 10^{-8}}{60} \text{ Volt.}$$

Bei einer mehrpoligen Maschine haben wir an dieser Formel zwei Korrekturen vorzunehmen. Wir verstehen unter p die Zahl der Polpaare und unter N die einem Polpaar entsprechende Kraftlinienzahl. Die ganze, den Ankerdrähten gebotene Kraftlinienzahl ist somit pN. Da jede Kraftlinie bei einer Umdrehung zweimal von jedem Ankerdraht geschnitten wird, so ist die Zahl der Kraftlinienschnitte 2pN. Nun kann bei einer mehrpoligen Maschine der Anker verschiedenerlei Schaltung haben. Die Schaltung bestimmt die Anzahl der parallelen Stromkreise im Anker, die wir mit n bezeichnen wollen. Es entfallen hier also $\frac{z}{n}$ Drähte auf einen Stromkreis, und diese $\frac{z}{n}$ Drähte sind hintereinander geschaltet. An Stelle von $\frac{z}{2}$ bei der zweipoligen Maschine tritt also allgemein $\frac{z}{n}$ und wir haben:

$$E = \frac{2\,p\,N\,U}{60} \cdot \frac{z}{n} \cdot 10^{-8}\ \text{Volt} \ . \ . \ . \ . \ (1)$$

Ueber die Bedeutung von z kann beim Trommelanker kein Zweifel bestehen. Beim Ringanker ist aber zu beachten, dass nur ein Draht auf eine Windung entfällt. Nur der äussere Draht kommt in Betracht.

Was die verschiedenartige Schaltung des Ankers betrifft, so unterscheidet man neben höheren Kombinationen, die aber bei Bahnmotoren kaum Anwendung finden, die Reihen- und Parallelschaltung. Bei ersterer ist die Zahl der Stromkreise des Ankers jeweils nur n = 2, bei letzterer dagegen besitzt der Anker soviel Stromkreise, als die Maschine Pole hat. Es ist dann: n = 2 p.

Die elektromotorische Gegenkraft des Motors ist gleich der elektromotorischen Kraft der Stromquelle, vermindert um den Spannungsverlust im ganzen Stromkreise. Wir können aber bei den folgenden Betrachtungen nicht immer auf die Stromquelle Bezug nehmen und können daher auch nicht von ihrer elektromotorischen Kraft ausgehen, sondern von der dem

Motor gebotenen Klemmspannung V. Diese ist gleich der elektromotorischen Kraft der Stromquelle, nachdem dieselbe um den Betrag aller ausserhalb des Motors entstehenden Spannungsverluste vermindert ist. Sie ist demnach gleich der elektromotorischen Gegenkraft, vermehrt um den im Innern des Motors eintretenden Spannungsverlust oder:

$$V = E + Jw \quad \ldots \ldots \quad (2)$$

wenn wir jetzt mit w den Widerstand des Motors bezeichnen.

Die sekundliche Arbeit, welche vom Motor aufgenommen wird, erhalten wir, wenn wir die Spannung mit der Stromstärke multipliciren, also:

$$VJ = EJ + J^2 w \quad \ldots \ldots \quad (3)$$

Sie zerfällt also in zwei Theile, von welchen wir den ersten: EJ als umgesetzte, den zweiten $J^2 w$, als verlorene sekundliche Arbeit oder Leistung bezeichnen wollen. Das Verhältniss der umgesetzten zur aufgenommenen Leistung ist das elektrische Güteverhältniss ε und es ist:

$$\varepsilon = \frac{EJ}{VJ} = \frac{E}{V}$$

Der Betrag $J^2 w$ ist die sekundliche, in Wärme umgesetzte Arbeit.

Diese Formeln sind nur für den Hauptschlussmotor mathematisch genau. Für den Nebenschlussmotor bedürfen sie einer kleinen Berichtigung, die aber hier nicht von Belang ist. Der Widerstand w ist natürlich im warmen Zustand zu messen.

Nun wollen wir einen Ausdruck für das Drehungsmoment des Ankers suchen. Der Anker Fig. 3 habe den Radius r(m). Die sämmtlichen auf ihn wirkenden anziehenden und abstossenden magnetischen

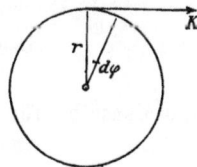

Fig. 3.

Kräfte können wir uns durch eine einzige, am Umfang tangential wirkende Kraft K (kg) ersetzt denken. Bei einer Drehung um den Winkel $d\varphi$ legt ein Punkt der Anker-

oberfläche den Weg $r\,d\varphi$ zurück, und es wird unter dem
Einfluss der Kraft K die Arbeit:

$$K \cdot r \cdot d\varphi$$

geleistet.

Die Arbeit ist in mkg gemessen. Um sie in Wattsekunden umzurechnen, haben wir sie mit 9,81 zu multipliciren. Diese Arbeit ist nun, wenn wir mit dt die Zeit (sec)
bezeichnen, während welcher die Drehung um $d\varphi$ erfolgte,
und mit J (Amp) die Stromstärke im Anker: $E\,J\,dt$ also:

$$9,81 \cdot K r \cdot d\varphi = E \cdot J\,dt.$$

$K r$ ist das Drehungsmoment des Ankers, das wir mit D
bezeichnen wollen. Ferner ist die Winkelgeschwindigkeit:

$$\frac{d\varphi}{dt} = 2\,\pi\,\frac{U}{60}$$

und es findet sich:

$$D = \frac{E J \cdot 60}{2\pi\,U \cdot 9,81}$$

oder, wenn wir den oben gefundenen Werth für E einsetzen:

$$D = \frac{J p N z}{\pi\,9,81 \cdot n \cdot 10^8} \qquad \cdot \quad \cdot \quad \cdot \quad \cdot \quad (4)$$

Erinnern wir uns der Bedeutung von n, welches für
Parallelschaltung der Ankerwindungen $= 2p$, für Reihen-
schaltung $= 2$ ist, so finden wir für Parallelschaltung das
Drehungsmoment:

$$D_p = \frac{J \cdot N \cdot z}{2\pi \cdot 9,81 \cdot 10^8} = \frac{J N z}{61,6 \cdot 10^8}$$

und dasselbe für Reihenschaltung:

$$D_r = \frac{J \cdot p N z}{2\pi \cdot 9,81 \cdot 10^8} = \frac{p \cdot J N z}{61,6 \cdot 10^8}.$$

Bei der Berechnung der Zugkraft Z (kg) am Radumfang
wollen wir zunächst von den Arbeitsverlusten in Motor und

Getriebe absehen. Dann muss die am Radumfang abgegebene
Arbeit gleich der am Ankerumfang des Motors geleisteten
sein. Es sei der Radius des Laufrades R (m) und K und r
haben dieselben Bedeutungen wie oben. Während das Lauf-
rad eine Drehung um einen Winkel φ_r macht, macht der
Anker eine solche um einen Winkel φ und es ist:

$$\varphi_r : \varphi = 1 : \nu,$$

wo $1 : \nu$ das Uebersetzungsverhältniss ist. Am Laufradumfang
wird während dieser Bewegung die Arbeit:

$$Z . R . \varphi_r$$

abgegeben, welche gleich der am Anker geleisteten: $K . r . \varphi$
sein muss. Hieraus folgt:

$$Z = \frac{K r \varphi}{R \varphi_r} = \frac{D}{R} . \nu.$$

Da nun die Uebertragung nicht mit einem Güteverhältniss 1, sondern mit einem solchen vom Werth η' erfolgt, so
müsste bei Gleichsetzung der beiden Arbeiten die rechtseitige
$(K r \varphi)$ noch mit η' multiplicirt sein und es würde sich ergeben:

$$Z = \eta' \frac{D \nu}{R} \quad . \quad . \quad . \quad . \quad . \quad . \quad (5)$$

η' ist hier nicht der ganze Wirkungsgrad, der alle Verluste von den Stromzuführungsstellen bis zum Radumfang berücksichtigt; es enthält nämlich nicht die Verluste durch
Stromwärme, oder wie sie häufig treffend bezeichnet werden,
die Ohm'schen Verluste, weil wir bei der Berechnung des
Drehungsmoments von der umgesetzten Leistung — E . J —
und nicht von der aufgenommenen — V . J — ausgegangen sind.
Bezeichnet η den gesammten Wirkungsgrad und ist die Leistung
am Radumfang — in Watt umgerechnet — W_r, so ist:

$$\eta = \frac{W_r}{V . J} .$$

Dagegen ist der obige Werth η':

$$\eta' = \frac{W_r}{E . J},$$

also ergiebt sich:

$$\frac{\eta}{\eta'} = \frac{E\,J}{V\,J} = \frac{E}{V} = \varepsilon$$

gleich dem oben definirten elektrischen Güteverhältniss. Mithin ist:

$$\eta' = \frac{\eta}{\varepsilon}.$$

Für einen Bahnmotor der Maschinenfabrik Oerlikon, den Kapp in seinen elektromechanischen Konstruktionen behandelt und auf welchen im Folgenden noch häufig Bezug genommen wird, giebt er für η' folgende Werthe:

bei 20   40   60   80   100% d. Normalleist.
$\eta' = 0{,}75$ $0{,}775$ $0{,}805$ $0{,}835$ $0{,}85$,

das elektrische Güteverhältniss beträgt dabei:

$\varepsilon = 0{,}97$ $0{,}95$ $0{,}92$ $0{,}89$ $0{,}86$,

also der gesammte Wirkungsgrad:

$\eta = 0{,}73$ $0{,}74$ $0{,}74$ $0{,}74$ $0{,}73$,

der totale Wirkungsgrad ist also sehr wenig von der Belastung abhängig (vergl. den Eingang des ersten Kapitels), weil das elektrische Güteverhältniss mit wachsender Belastung annähernd in gleichem Grade abnimmt, wie das mechanische wächst.

An dieser Stelle wollen wir noch eine Formel einfügen, welche die Beziehungen zwischen Umlaufszahl des Motors und Fahrgeschwindigkeit darstellt. Die Bezeichnungen sind die bereits gebrauchten, nämlich:

U die minutliche Umdrehungszahl der Motorwelle,
$1 : \nu$ das Uebersetzungsverhältniss zwischen Rad- u. Motorwelle,
R der Radius des Laufrads in m und
c die Fahrgeschwindigkeit in km/Stunde.

Aus der Umlaufszahl des Motors findet sich zunächst $\dfrac{U}{\nu}$ als minutliche Umlaufszahl der Radwelle. Daher:

$$\frac{U}{\nu} \cdot 2\pi R$$

der Weg in m, den ein Punkt des Radumfangs in einer Minute zurücklegt und:

$$\frac{U}{\nu} \cdot \frac{2\pi R . 60}{1000} = c$$

der Weg in km pro Stunde. Hieraus ergiebt sich:

$$U = 2,65 \, \frac{c . \nu}{R}$$

und:

$$c = 0,377 \cdot \frac{R U}{\nu} \quad . \quad . \quad . \quad . \quad . \quad . \quad (6)$$

Mit der Ermittelung der Ausdrücke für Drehungsmoment des Ankers und Zugkraft am Radumfang haben wir den Anschluss an die Ergebnisse des ersten Kapitels und den Zusammenhang der mechanischen und elektrischen Grössen gefunden. Wir erkennen auch, dass eine gegebene Zugkraft am Radumfang das Drehungsmoment D des Ankers ziemlich fest bestimmt; denn Uebersetzungsverhältniss, Radius des Laufrades und Wirkungsgrad sind mehr oder weniger gegebene Grössen. Damit bei gegebener Zugkraft das Drehungsmoment möglichst klein wird, müsste R klein und ν und η' gross gemacht werden. Die beiden ersten Forderungen stehen aber schon unter sich im Widerspruch, denn ein grosses Uebersetzungsverhältniss bedingt einen grossen Raum zwischen Wagenkasten und Schienenoberkante, also einen grossen Raddurchmesser. Ausserdem stehen sie zu den sonstigen Konstruktionsbedingungen im Widerspruch. Ein möglichst grosser Wirkungsgrad ist aber eine selbstverständliche Bedingung der Wirthschaftlichkeit.

Wir können also sagen: durch die Forderung einer gewissen Zugkraft am Radumfang ist das Drehungsmoment des Ankers bestimmt.

Betrachten wir nun die Formel (4) für das Drehungsmoment:

$$D = \frac{J . p . N . z}{\pi . 9,81 . n . 10^8},$$

so finden wir dasselbe zunächst unabhängig von der Spannung. die wir somit nach anderen Gesichtspunkten bestimmen dürfen. Das Drehungsmoment ist dagegen abhängig von

1. der Stromstärke J,
2. der totalen Kraftlinienzahl p . N,
3. der Zahl der Ankerdrähte z und
4. der Zahl der Stromkreise im Anker n.

Die beiden letzten Bedingungen kann man auch in eine zusammenfassen und sagen: das Drehungsmoment ist abhängig von der Zahl der hintereinander geschalteten Ankerdrähte $\frac{z}{n}$

Mit Ausnahme des einen Falles, bei welchem die Wagen die Stromquelle mit sich führen, liegt bei jeder elektrischen Bahn der Fall der elektrischen Arbeitsübertragung vor. Es gilt also auch das Fundamentalgesetz derselben: die geforderte Leistung mit möglichst niedriger Stromstärke, also möglichst hoher Spannung zu übertragen, weil die Arbeitsverluste in der Leitung dem Quadrat der Stromstärke proportional sind. Wir erkennen also aus unserer Formel, dass wir ein grosses Drehungsmoment dadurch erzielen müssen, dass wir den Werth p . N bei möglichst geringer Stromstärke J möglichst gross machen. Bei den mit Recht bevorzugten Hauptschlussmotoren ist aber der Ankerstrom gleichzeitig derjenige, welcher die Magnete erregt, die totale Kraftlinienzahl p . N ist eine direkte Funktion der Ampèrewindungen, d. i. des Produktes aus Stromstärke und Windungszahl der Magnete. Wir werden also zunächst die letztere so gross als möglich wählen, damit wir bei thunlichst geringer Stromstärke möglichst hohe Ampèrewindungszahl erzielen. Dann aber muss mit möglichst niederer Ampèrewindungszahl möglichst hohe Kraftlinienzahl erreicht werden, man muss also dafür sorgen, dass der Quotient dieser beiden Grössen, der Widerstand des magnetischen Stromkreises, möglichst niedrig werde. Wir müssen also die magnetisch besten Eisensorten wählen, andernfalls würde der obigen Bedingung nur durch Vermehrung des Motorgewichts genügt werden können.

Es ist ferner aus der Formel ersichtlich, dass das Drehungsmoment auch der Zahl der in Reihe geschalteten

Ankerdrähte $\dfrac{z}{n}$ proportional ist. Es könnte somit den Anschein haben, als ob die Reihenschaltung der Ankerdrähte $(n = 2)$ der Parallelschaltung derselben $(n = 2\,p)$ vorzuziehen sei. Dies trifft jedoch nicht immer zu, es kann vielmehr, wie folgende Betrachtung lehrt, auch das Gegentheil der Fall sein.

Im Folgenden beziehe sich der Index 1 auf die Reihen-, der Index 2 auf die Parallelschaltung der Ankerdrähte; es ist dann:

$$D_1 = \frac{J \cdot pN \cdot z_1}{\pi \cdot 9{,}81 \cdot 2 \cdot 10^8}$$

und:

$$D_2 = \frac{J \cdot p \cdot N \cdot z_2}{\pi \cdot 9{,}81 \cdot 2\,p \cdot 10^8}$$

also:

$$D_1 : D_2 = p \cdot z_1 : z_2.$$

Wäre die Zahl der Ankerdrähte in beiden Fällen dieselbe, so würde bei Reihenschaltung das Drehmoment stets p mal so gross sein, als bei Parallelschaltung. Bei letzterer führt aber der einzelne Draht einen schwächeren Strom und kann deshalb auch geringeren Querschnitt erhalten, so dass $z_2 > z_1$ werden kann. Man kann deshalb die angeregte Frage nicht entscheiden, ohne den verfügbaren Wicklungsraum des Ankers zu betrachten. Nennen wir den Querschnitt des Wicklungsraumes Q, das ist z. B. bei Nutenankern der Gesammtquerschnitt sämmtlicher Nuten. Hiervon kann aber nur ein Theil $\xi\,Q$ ausgenutzt werden, da für die Isolation zwischen Drähten und Eisen ein gewisser Raum erforderlich ist. Nennen wir den Durchmesser des bewickelten Drahtes d, so muss:

$$z_1\,d_1{}^2 = \xi_1\,Q \quad \text{und} \quad z_2\,d_2{}^2 = \xi_2\,Q \ \text{sein.}$$

Es ist also:

$$\frac{z_1}{z_2} = \frac{\xi_1}{\xi_2}\left(\frac{d_2}{d_1}\right)^2.$$

Bei Nutenankern ist offenbar $\xi_1 > \xi_2$; denn, da die Parallelschaltung mehr Drähte bringt, so wird sie auch im allge-

meinen eine grössere Zahl von Nuten bedingen, es wird also
bei ihr ein grösserer Theil des Wicklungsraumes von den
Isolationen zwischen Draht und Eisen in Anspruch genommen.

Der Durchmesser des isolirten Drahtes ist eine Funktion
des Durchmessers des blanken Drahtes, die man annähernd
durch die Gleichung:

$$d = a\delta + b$$

ausdrücken kann. Hierin sind d und δ die Durchmesser des
bewickelten und blanken Drahtes in mm und a und b zwei
Konstante, für welche Kapp die Werthe:

$$a = 1,12$$
$$b = 0,26 \text{ giebt.}$$

Wir können also zunächst ableiten:

$$\frac{z_1}{z_2} = \frac{\xi_1}{\xi_2}\left(\frac{a\delta_2 + b}{a\delta_1 + b}\right)^2$$

und, da:

$$D_1 : D_2 = p\, z_1 : z_2 :$$

$$D_1/D_2 = \frac{\xi_1 p}{\xi_2}\left(\frac{a\delta_2 + b}{a\delta_1 + b}\right)^2.$$

Wir wollen uns damit begnügen, die Grenzen festzustellen,
zwischen welchen sich das Verhältniss $D_1 : D_2$ bewegen kann.
Bei geringen Stromstärken, also schwachen Ankerdrähten, hat
der Unterschied zwischen δ_2 und δ_1 nur geringen Einfluss auf
den Werth des Ausdrucks; man wird also ohne grossen
Fehler $\delta_2 = \delta_1$ setzen können, und erhält als Grenzwerth für
kleine Maschinen:

$$D_1 : D_2 = \xi_1 p : \xi_2.$$

Handelt es sich dagegen um grosse Maschinen, also
stärkeren Drahtdurchmesser, so ist das Glied b von geringerem
Einfluss und der Ausdruck nähert sich dem Werth:

$$D_1 : D_2 = \xi_1 p\, \delta_2{}^2 : \xi_2 \delta_1{}^2.$$

Es kommt also hier auf das Verhältniss $\delta_2 : \delta_1$ an. Bezeichnen wir mit J_1 und J_2 die Ströme, welche die einzelnen Anker-

drähte bei Reihen- und Parallelschaltung zu führen haben, so ist für gleiche Temperaturerhöhung bekanntlich:

$$\delta_1^3 : \delta_2^3 = J_1^2 : J_2^2 \text{ oder } \delta_1^2 : \delta_2^2 = J_1^{4/3} : J_2^{4/3}.$$

Nun ist aber $J_1 = \dfrac{J}{2}$ und $J_2 = \dfrac{J}{2\,p}$, also $J_1 : J_2 = p : 1$ und es folgt:

$$\delta_2^2 : \delta_1^2 = 1 : p^{4/3}.$$

Somit gilt als Grenzwerth für starke Drähte:

$$D_1 : D_2 = \xi_1\, p : \xi_2\, p^{4/3} = \xi_1 : \xi_2 \sqrt[3]{p}.$$

Nehmen wir also z. B. eine vierpolige Maschine ($p = 2$) und nehmen $\xi_1 = 0{,}85$ und $\xi_2 = 0{,}80$ an, so finden sich die Grenz-werthe für:

$$\frac{D_1}{D_2} \text{ zu } 2{,}12 \text{ und } 0{,}84.$$

Es braucht kaum besonders betont zu werden, dass erstere Grenze sich von praktischen Verhältnissen sehr weit entfernt, da sie nur bei ganz geringen Drahtdurchmessern annähernd erreicht werden kann. Das Uebergewicht der Reihenschaltung ist also für in der Praxis vorkommende schwache Drähte nicht so bedeutend, und bei stärkeren Drähten tritt sogar schon bald ein Uebergewicht der Parallel-schaltung ein. Die Wahl der einen oder anderen Schaltung hängt also mit der Frage zusammen, wie sich im einzelnen Fall der Wicklungsraum am besten ausnutzen lässt. Was aber unter sonst gleichen Verhältnissen für die Reihenschal-tung spricht, ist der Umstand, dass sie weniger Bürstensätze bedingt, als die Parallelschaltung. Dies verdient bei Bahn-motoren entschieden mehr Beachtung als bei stationären Maschinen.

Wir wollen diese Betrachtung nicht abschliessen, ohne noch einen Blick auf die Abhängigkeit der Umlaufszahl von der Schaltung des Ankers zu werfen.

Nach der auf Seite 18 entwickelten Formel (1) für die

elektromotorische Gegenkraft berechnet sich die Umlaufszahl zu:

$$U = \frac{E \cdot 60 \cdot 10^8 \cdot n}{2pNz}.$$

Es wird also für Reihenschaltung $(n = 2)$:

$$U_1 = \frac{E \cdot 60 \cdot 10^8 \cdot 2}{2pN \cdot z_1}$$

und für Parallelschaltung $(n = 2p)$:

$$U_2 = \frac{E \cdot 60 \cdot 10^8 \cdot 2 \cdot p}{2p \cdot N \cdot z_2},$$

also:

$$U_1 : U_2 = z_2 : pz_1,$$

da nun:

$$D_1 : D_2 = pz_1 : z_2$$

ist, so ist:

$$U_1 : U_2 = D_2 : D_1.$$

Das heisst: diejenige Schaltung der Ankerdrähte, welche das
grössere Drehungsmoment liefert, bedingt die kleinere Umlaufszahl. Eine Ermässigung der normalen Umlaufszahl ist
aber bei Bahnmotoren ein entschie-
dener Vorzug. Es können also hier
zwei erstrebenswerthe Ziele: grosses
Drehungsmoment und niedere Umlaufszahl auf demselben Wege erreicht werden.

Der Ausdruck für das Drehungsmoment enthält zwei Veränderliche:
die Kraftlinienzahl N und die Ankerstromstärke J. Da erstere aber ihrerseits wieder eine Funktion der letzteren ist, so stehen wir jetzt vor der
Aufgabe, das Drehungsmoment nur
als Funktion der Ankerstromstärke darzustellen. Wir kommen
hierbei zum ersten Male in die Lage, zwischen den verschiedenen Schaltungsarten der Motoren zu unterscheiden.

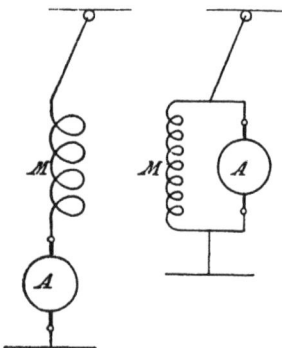

Fig. 4.

Es kommen nur zwei Arten in Betracht, der Hauptschlussmotor, bei welchem (vergl. Fig. 4) Anker A und Magnetbewicklung (M) vom gleichen Strom durchflossen sind, und
der Nebenschlussmotor, bei welchem die Magnetbewicklung
einen besonderen, zum Anker parallelen Stromkreis bildet.

Die Kraftlinienzahl N, welche wir zur Ermittelung der
Beziehungen zwischen Drehungsmoment und Ankerstrom
brauchen, ist bekanntlich eine Funktion der Ampèrewindungszahl der Feldmagnete. Die Abhängigkeit zwischen diesen

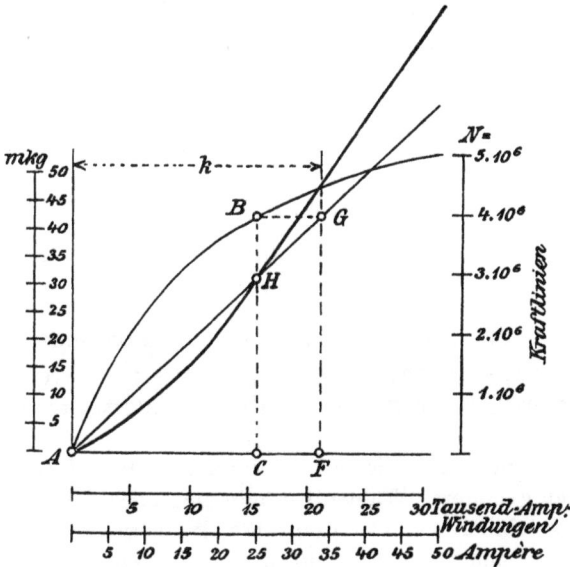

Fig. 5.

beiden Grössen ist durch die bekannte Charakteristik dargestellt (AB Fig. 5). Diese Kurve entspricht dem von Kapp beschriebenen Oerlikon-Motor. Zur Aufsuchung von Zahlen-
werthen, die übrigens vorerst nicht in Betracht kommen, sind
Maafsstäbe beigegeben. Die Abscisse AC bezeichnet eine
gewisse Ampèrewindungszahl, die Ordinate BC die ihr zukommende Kraftlinienzahl. Die letztere wächst anfangs nahezu
proportional der Ampèrewindungszahl, während sie später trotz
weiterer Steigerung der letzteren nur unbedeutend vermehrt
wird. Die Ampèrewindungszahl ist das Produkt aus der Zahl

der erregenden Windungen und dem sie durchfliessenden Strom. Der letztere ist beim Hauptschlussmotor zugleich der Ankerstrom, beim Nebenschlussmotor ergiebt er sich aus der Spannung V und dem Widerstand s des Nebenschlusses zu

$$i = \frac{V}{s},$$

Während also der Ankerstrom beim Hauptschlussmotor direkten Einfluss auf das magnetische Feld ausübt, beeinflusst er dasselbe beim Nebenschlussmotor nur insofern, als er den Werth der dem Motor gebotenen Spannung V mitbestimmt.

Wir wollen nun im Ausdruck (4) des Drehungsmoments alles ausser der Kraftlinienzahl N pro Polpaar und der Ankerstromstärke J in einen Werth $\frac{1}{k}$ zusammenfassen, also schreiben:

$$D = \frac{J\,N}{k};$$

k ist dann für einen fertigen Motor eine Konstante.

Wir haben in Fig. 5 die Abscisse AC als Ampèrewindungszahl definirt. Wenn wir nun den Hauptschlussmotor ins Auge fassen, so dürfen wir in AC auch direkt die Ankerstromstärke J erblicken, wir haben dann nur den Maassstab der Abscissen geändert. Wählen wir nun eine beliebige Strecke AF und bezeichnen sie als Konstante k, errichten in F eine Senkrechte und projiciren auf diese den Punkt B, so findet sich G, und es ist GF = BC gleich der Kraftlinienzahl N. Wir verbinden G mit A durch eine grade Linie .und gewinnen den Punkt H auf BC. Dann stellt HC das Drehungsmoment D in einem durch die Wahl von k = AF festgelegten Maassstab dar; denn es ergiebt sich aus der Aehnlichkeit der Dreiecke HCA und GFA:

$$HC : AC = GF : AF \text{ oder:}$$
$$HC : J = N : k,$$

woraus folgt:

$$HC = D.$$

Die Fortsetzung der Konstruktion für andere Punkte C, also andere Werthe der Stromstärke liefert eine Kurve, welche bei niederen Stromstärken parabelartig verläuft und sich später der Form der graden Linie nähert. Diese Form lässt sich auch aus dem analytischen Ausdruck für das Drehungsmoment und aus der Magnetisirungskurve ableiten. Da die Kraftlinienzahl bei schwachen Magnetisirungen nahezu proportional der erregenden Stromstärke ist, so muss das Drehungsmoment als Produkt aus Kraftlinienzahl und Stromstärke dem Quadrat der letzteren proportional sein. Bei starken Magnetisirungen ändert sich aber die Kraftlinienzahl mit wachsender Erregerstromstärke praktisch nicht mehr, es wird also N nahezu konstant, und das Drehungsmoment wird der einfachen Stromstärke proportional.

Bezüglich des Maassstabs wollen wir annehmen, die Ordinate BC bedeute 4 Millionen Linien, die entsprechende Abscisse AC 16000 Ampèrewindungen. Die Maschine hat als Hauptschlussmotor 640 Windungen, es entspricht also der Ampèrewindungszahl 16000 ein Strom von 25 Ampère, welches der normale Strom der Maschine sein möge. Die vierpolige Maschine (p = 2) hat bei Reihenschaltung des Ankers (n = 2) z = 944 Ankerdrähte.

Das Drehungsmoment, welches nach Konstruktion durch die Strecke HC bestimmt ist, hat somit den Werth:

$$D = \frac{25 \cdot 2 \cdot 4 \cdot 10^6 \cdot 944}{\pi \cdot 9{,}81 \cdot 2 \cdot 10^8} = 30{,}6 \text{ mkg}.$$

Damit ist der Maassstab für das Drehungsmoment festgelegt und es kann das übrige auf rein graphischem Wege bestimmt werden.

Bevor wir die Kurve einer Besprechung unterziehen, wollen wir die entsprechende Kurve für den Nebenschlussmotor kennen lernen.

Die Ampèrewindungszahl des Nebenschlussmotors ist eine direkte Funktion der Spannung, welche dem Motor geliefert wird. Nehmen wir diese zunächst als konstant an, so haben wir konstante Amperewindungszahl und dementsprechend auch konstante Kraftlinienzahl N. Das Drehungsmoment ist dann

einfach proportional der Ankerstromstärke J und wird dargestellt durch eine grade Linie, welche durch den Ursprung A
unseres Koordinatensystems geht.

Ein weiterer Punkt dieser graden Linie ist uns gleichfalls bekannt. Wir können die Wicklungsarten natürlich nur
dann vergleichen, wenn wir von gleicher Grösse der Motoren
ausgehen. In diesem Fall sind aber für normale Leistung
sowohl Ankerstrom als auch Kraftlinienzahl in beiden Fällen
dieselben; es muss also das für normale Belastung des Hauptschlussmotors gefundene Drehungsmoment HC auch dem
Nebenschlussmotor zukommen. Die grade Linie, welche uns
die Abhängigkeit des Drehungsmoments des Nebenschlussmotors von der Ankerstromstärke darstellt, geht also durch
die Punkte A und H und ist somit identisch mit der früher
als Konstruktionslinie verwendeten Graden AG. Dieser graden
Linie würde das Drehungsmoment des Nebenschlussmotors
folgen, wenn, unserer obigen Annahme gemäss, die Spannung konstant wäre. Das ist nun zwar nicht der Fall,
trotzdem aber sind die durch Aenderungen der Spannung bedingten Abweichungen unbedeutend. Nehmen wir an, es
trete in Folge gesteigerten Stromverbrauchs ein vermehrter
Spannungsabfall in der Leitung ein und die dem Motor ge-
lieferte Spannung gehe infolgedessen um 8% zurück. Im
gleichen Verhältniss ermässigt sich der Strom in der Magnetbewicklung und demgemäss die Ampèrewindungszahl. Die
Kraftlinienzahl nimmt gleichfalls ab, aber nicht um 8, sondern
etwa um 4%.

Alsdann würde ein Abfallen der Zugkraft um etwa 4%
zu erwarten sein. Wir werden also keinen grossen Fehler
machen, wenn wir für den Nebenschlussmotor reine Propor-
tionalität zwischen Drehungsmoment und Ankerstromstärke
annehmen. Jedenfalls wird ein Abweichen der Kurve von
der graden Linie AG nur nach unten, nicht aber nach oben
stattfinden.

Wenn wir die beiden Kurven für Haupt- und Nebenschlussmotor nun mit einander vergleichen, so erkennen wir,
dass bezüglich der Zugkraft der Hauptschlussmotor bei
grösseren, der Nebenschlussmotor bei kleineren Stromstärken
überlegen ist. Wenn z. B. der Anker ein Drehungsmoment

von 70 mkg haben soll, eine Anforderung, die beim Anfahren leicht gestellt sein kann, so wird das bei obigem
Hauptschlussmotor mit 47 Ampère geleistet, während dieselbe
Maschine als Nebenschlussmotor erst bei 57 Ampère dasselbe
Drehungsmoment liefern würde. Der Stromverbrauch würde
also im letzteren Falle um $21\,^0/_0$ höher sein. Da der betrachtete Motor normal nur 25 Ampère verbraucht, so wird
er mit Nebenschlusswicklung bei häufigem Anfahren sehr
heiss. Sind die Zeitintervalle zwischen zwei Anfahrten nur
klein, so dass nicht viel Gelegenheit zum Abkühlen vorhanden ist, so kann es nothwendig werden, einen grösseren Motor
zu verwenden als bei Hauptschluss.

Wenn wir als Periode des Anfahrens die Zeit vom Einschalten bis zum Erreichen einer konstanten Geschwindigkeit
bezeichnen, so werden wir bei allen Bahnen während dieser
Periode des Anfahrens eine grössere Zugkraft als im normalen Betrieb als erforderlich erkennen; denn so lange die
Geschwindigkeit noch steigt, wird die Arbeit nicht ausschliefs-
lich auf Ueberwindung der Bahnwiderstände verbraucht, sondern auch zur Ansammlung der lebendigen Kraft. Mehr als
bei jeder anderen Klasse von Bahnen ist dies aber bei Strassenbahnen der Fall, da bei ihnen die Geschwindigkeiten so
niedrig sind, dass das im Eingang des ersten Kapitels erwähnte quadratische Glied des Zugkoefficienten keine Rolle
spielt. Man wird daher die Motoren elektrischer Bahnen,
insbesondere solcher mit geringer Fahrgeschwindigkeit, stets
so bemessen, dass sie im normalen Betrieb nahezu normal
belastet sind, also mit Bezug auf unsere Figur 5 nahe
dem Punkt C arbeiten. Daraus ergiebt sich aber, dass ein
Hauptschlussmotor in der Periode des Anfahrens wesentlich
vortheilhafter arbeitet, als ein gleich grosser Nebenschlussmotor. Das Umgekehrte tritt allerdings ein, sobald die Belastung unternormal ist, jedoch werden diese Vortheile die
Nachtheile des Nebenschlussmotors nicht ausgleichen, besonders dann nicht, wenn ein häufiges Halten und Wiederanfahren
stattfindet.

Die dargestellten Kurven haben also ein Uebergewicht
des Hauptschlussmotors beim Anfahren ergeben. Wie gross
dieses Uebergewicht ist, kann natürlich nicht allgemein ent-

schieden werden, diese Frage ist von Fall zu Fall zu prüfen.
Der Zweck der folgenden Untersuchung ist daher auch nur,
zu zeigen, wie diese Frage im einzelnen Fall zu entscheiden
ist, und einen Blick auf die Vorgänge beim Anfahren überhaupt zu werfen.

Für die Zeit des Anfahrens können wir die Zugkraft in
zwei Theile zerlegt denken, wovon einer — Z_0 (kg) — lediglich zur Ueberwindung der Bewegungswiderstände dient,
während der andere Theil Z dazu bestimmt ist, dem Wagen
die nöthige Beschleunigung zu ertheilen. Dieser letztere Theil
ist dem Produkt aus Masse mal Beschleunigung gleich; wenn
wir also mit G (kg) das Gewicht des Wagens bezeichnen, so
muss sein:

$$Z = \frac{G}{g} \cdot \frac{dc}{dt},$$

wobei die Geschwindigkeit c in $\frac{m}{sec}$, die Zeit t in sec gemessen ist. Hieraus folgt:

$$c = \frac{g}{G} \cdot \int Z \, dt.$$

Diese zusätzliche Zugkraft Z ist also eine Funktion der Ge-
schwindigkeitsänderung und kann nicht untersucht werden,
ohne vorherige Kenntniss des Verlaufs der Geschwindigkeit
in der Zeit des Anfahrens. Zunächst ist bezüglich der Geschwindigkeit nur bestimmt, dass dieselbe nach Ablauf einer
nicht zu langen Zeit einen gewissen Werth erreicht haben
muss. Die Zeit—Periode des Anfahrens — ist in Fig. 6
durch die Strecke AB, die zu erlangende Geschwindigkeit
durch die Strecke BC — hier 3,13 $\frac{m}{sec}$ — dargestellt. Die
Kurve AC zeigt also den Verlauf der Geschwindigkeit in
der Periode des Anfahrens. Der letztere lässt sich in .ge-
wissem Grade willkürlich beeinflussen. Es liegt keine Veranlassung gegen eine gleichmässige Beschleunigung vor, nur
müssen schroffe Uebergänge vermieden werden. Man wird
also am Anfang und am Ende der Periode des Anfahrens

zur Erzielung sanfterer Uebergänge die Beschleunigung geringer, in der Mitte grösser wählen als den Quotienten aus Endgeschwindigkeit und Zeit oder die mittlere Beschleunigung. Wir wollen in unserer Figur die Periode der Bewegung A B in drei Abschnitte A I, I II, II B eintheilen. Im ersten Abschnitt findet ein Anwachsen der Zugkraft statt. Sie hat ursprünglich den Werth Z_0, welcher zur Ueberwindung der

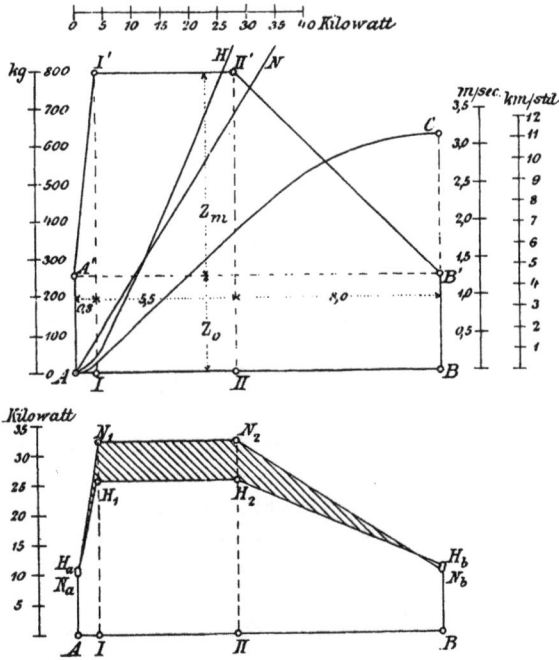

Fig. 0.

Bahnwiderstände nöthig ist, und erreicht im Zeitpunkt I ihren Maximalwerth $Z_0 + Z_m$. Dieser erste Zeitabschnitt muss einerseits möglichst kurz sein, weil in ihm nur eine unbedeutende Geschwindigkeit erreicht wird, andererseits aber auch wieder nicht zu kurz, da sonst ein heftiger Stoss beim Anfahren eintreten müsste. Wir wollen die Dauer dieses ersten Abschnitts zu 0,8 Sekunden und ausserdem lineares Anwachsen der Zugkraft annehmen.

3*

Für irgend einen Zeitpunkt t Sekunden nach dem Einschalten gilt dann für die zusätzliche Zugkraft Z:

$$\frac{Z}{Z_m} = \frac{t}{T_1},$$

wenn T_1 die Dauer des ersten Zeitraums bedeutet. Es ist
somit die Endgeschwindigkeit:

$$c_I = \frac{g}{G} \cdot \int_0^{T_1} Z\,dt = \frac{g Z_m}{G T_1} \int_0^{T_1} t\,dt = \frac{g}{G} Z_m \frac{T_1}{2}.$$

Im zweiten Zeitraum I—II möge die zusätzliche Zugkraft
konstant auf ihrem Maximalwert Z_m stehen bleiben. Es ist
deshalb für irgend einen Zeitpunkt t, gerechnet von I ab:

$$c_2 = c_I + \frac{g}{G} Z_m\, t,$$

also am Ende des Zeitraums (für: $t = T_2$):

$$c_{II} = c_I + \frac{g}{G} \cdot Z_m T_2.$$

Im dritten Zeitraum muss die zusätzliche Zugkraft wieder
abnehmen, da sie ja am Ende desselben wieder $= 0$ sein muss.
Nehmen wir eine lineare Abnahme an, so ist für irgend eine
Zeit t, abermals vom Beginn dieses Zeitraums (II) gerechnet:

$$\frac{Z}{Z_m} = \frac{T_3 - t}{T_3};$$

also:

$$c = c_{II} + \frac{g}{G} \cdot \int_0^{T_3} \frac{Z_m}{T_3} (T_3 - t)\,dt$$

und für den Endpunkt:

$$c_{III} = c_{II} + \frac{g}{G} Z_m \frac{T_3}{2}$$

$$= \frac{g}{G} Z_m \left(\frac{T_1}{2} + T_2 + \frac{T_3}{2} \right).$$

Nehmen wir nun für einen vollbesetzten, aus Motor- und Anhängewagen bestehenden, Zug ein Gewicht von $G = 17\,000$ kg und die Zeiten $T_1 = 0,8$; $T_2 = 5,5$; $T_3 = 8$ Sekunden, so findet sich aus der soeben entwickelten Gleichung für die gesuchte Endgeschwindigkeit von $3,13$ m/sec : $Z_m = 545$ kg.

Zur Ueberwindung der Bahnwiderstände seien 15 kg pro Tonne, im Ganzen also $Z_0 = 15 \times 17 = 255$ kg erforderlich.

Hiernach lassen sich die Endgeschwindigkeiten des ersten und zweiten Zeitraums ermitteln, es ist:

$$c_I = \frac{9,81}{17\,000} \cdot 545 \cdot 0,4 = 0,13 \text{ und:}$$

$$c_{II} = c_I + \frac{9,81}{17\,000} \cdot 545 \cdot 5,5 = 1,86 \frac{m}{sec} \cdot$$

Es ist hier noch angenommen, dass am Ende des zweiten Zeitraumes der ganze Vorschaltewiderstand ausgeschaltet sei, so dass das Anwachsen der Geschwindigkeit im dritten ein natürliches ist. Hiernach ergiebt sich die Geschwindigkeitskurve AC.

Unter Zugrundelegung eines Maassstabs für die Zugkraft ist nun die zur Ueberwindung der Bahnwiderstände erforderliche Zugkraft Z_0 als Ordinate AA' eingezeichnet. Da diese Zugkraft während der ganzen Fahrtdauer zu leisten ist, so liefert sie ein Rechteck $AA'B'B$, über welchem ein unregelmässiges Viereck $A'I'II'B'$ gemäss den oben getroffenen Annahmen den Verlauf der zusätzlichen Zugkraft Z andeutet. Die jeweilige ganze Zugkraft ist also durch die Ordinaten der Figur $AA'I'II'B'B$ dargestellt.

Wir haben nun früher gesehen, auf welche Weise wir die Beziehungen zwischen Drehungsmoment und Stromstärke rechnerisch oder graphisch ermitteln können. Wir wollen aus dem ersteren unter Benutzung der Gleichung (5) und durch Einsetzen der Werthe $R = 0,375$; $\eta' = 0,79$; $v = 4,75$ die Zugkraft am Radumfang ermitteln. Aus der Stromstärke berechnen wir die aufgenommene Leistung in Kilowatt und zeichnen nun unter Zugrundelegung eines beliebigen Maass-

stabs für die letztere die entsprechenden Kurven für Haupt-
und Nebenschlussmotor (AH und AN) ein.

Wir können nun für jede Zugkraft die aufgenommene
Leistung auf einfache Weise bestimmen. Jeder Punkt des
Linienzugs $A' I' II' B'$ liefert, wenn er wagerecht projicirt wird,
auf den Kurven AH und AN je einen Punkt, dessen Abstand
von der Ordinatentaxe die aufgenommene Leistung darstellt.

Die untere Figur hat gleiche Abscissen mit der oberen,
während ihre Ordinaten die aufgenommenen Leistungen in
Kilowatt bedeuten. Die auf den Hauptschlussmotor entfallen-
den Punkte führen die Bezeichnung H, während der Index
auf den zugehörigen Zeitpunkt hinweist; dasselbe gilt für den
Nebenschlussmotor hinsichtlich der Bezeichnung N. Die Flächen
$A H_a H_1 H_2 H_b B$ und $A N_a N_1 N_2 N_b N$ stellen die elektrischen
Arbeiten in Kilowattsekunden dar, welche von den beiden
Motoren in der Periode des Anfahrens verbraucht werden.
Der Arbeitsverbrauch ergiebt sich im vorliegenden Fall zu
304 Kilowattsekunden für den Haupt- und 364 für den
Nebenschlussmotor, d. i. in Wattstunden umgerechnet: 85
bezw. 101. Rechnet man nun — was bei Strassenbahnen
nicht selten erreicht und überschritten wird — 5 Anfahrten
auf den Kilometer, so ergiebt der Unterschied im Arbeitsverbrauch den Werth von 80 Wattstunden pro Kilometer,
d. i. ca. $10^0/_0$ des ganzen Arbeitsaufwands. Der hier etwas
geringere Verbrauch des Nebenschlussmotors im normalen
Betriebe wird schon allein durch die nicht berücksichtigte
Erregungsarbeit aufgewogen. Abgesehen davon aber wird
auch in jeder Kurve und auf jeder Steigung die Grenze überschritten, unterhalb welcher der Nebenschlussmotor wirthschaftlicher arbeitet.

Im übrigen sei bezüglich der Frage, unter welchen
Umständen Nebenschlussmotoren mit Vortheil zu verwenden
sind, auf das letzte Kapitel verwiesen.

Indem wir uns nun wieder dem Hauptschlussmotor zu-
wenden, wollen wir die Abhängigkeit seiner Umlaufszahl von
der Belastung untersuchen. Wir wählen zu diesem Zweck
wieder ein zeichnerisches Verfahren.

Wir legen einen beliebigen Maassstab für die Stromstärke
fest und messen in demselben eine Strecke AB Fig. 7, z. B.

$J = 25$ Ampère. Ein ebenfalls beliebiger Maassstab wird für die Spannung festgelegt und in diesem z. B. $V = 500$ Volt als Ordinate AC aufgetragen. Durch C ziehen wir eine Wagrechte. Aus dem Widerstand des Motors (in unserem Falle 2,75 Ohm) und der angenommenen Stromstärke findet sich der innere Spannungsverlust: $2,75 \times 25 = \sim 69$ Volt. Diesen tragen wir auf der Ordinate BD_1 von D_1 nach unten ab. Der Maassstab ist bereits bestimmt; da die Strecke AC 500 Volt bedeutet,

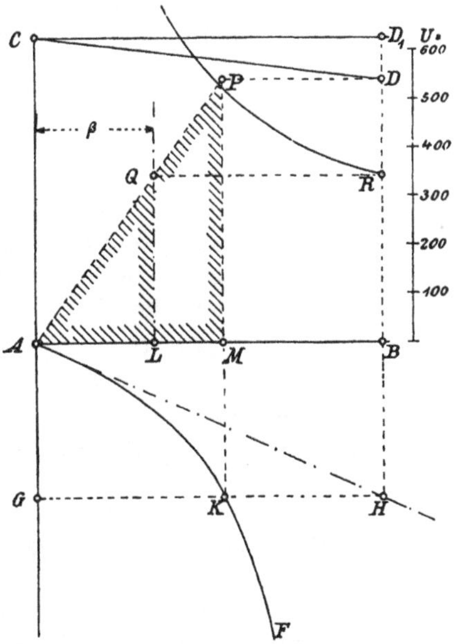

Fig. 7.

so muss $D_1 D = \dfrac{69 \cdot 100}{500} = 13,8\%$ von der Länge AC sein.

Nach der Gleichung (2):

$$E = V - Jw$$

muss der übrigbleibende Theil der Strecke BD_1, also BD die elektromotorische Gegenkraft bedeuten. Verbinden wir also C und D durch eine gerade Linie, so können wir die letztere als Kurve der elektromotorischen Gegenkräfte auffassen, denn ihre Ordinaten geben für jede Stromstärke die entsprechende elektromotorische Gegenkraft an.

Aus der eben geschilderten Konstruktion geht hervor, dass die Tangente des Winkels $D_1 CD$ den Widerstand w des Motors bedeuten muss.

Wir zeichnen nun die Charakteristik AF der Maschine ein, indem wir die nach unten verlängerte Ordinatenaxe als Axe der Ampèrewindungen behandeln und die entsprechende Kraftlinien horizontal, am besten nach rechts heraus zeichnen. Die Maassstäbe der Ampèrewindungen und Kraftlinien sind dabei ganz beliebig einzusetzen.

Mit Hilfe der bekannten Windungszahl der Feldmagnete (hier 640) und der angenommenen Stromstärke (25 Ampère) erhalten wir die der letzteren entsprechende Ampèrewindungszahl: $640 \cdot 25 = 16000$. Indem wir diese in dem für die Ampèrewindungen festgelegten Maassstab messen, erhalten wir den Punkt G. Ziehen wir durch G eine Wagrechte und durch B eine Senkrechte, so findet sich der Punkt H als Schnittpunkt, den wir mit A durch eine gerade Linie verbinden. Die Tangente des Winkels HAB ist die Windungszahl der Feldmagnete, und die Linie AH kann später dazu dienen, auf graphischem Wege die Stromstärken mit den Windungszahlen zu multipliciren. Verschieben wir später den Punkt B auf der Abscissenaxe, so ergeben sich andere Punkte H und mit Hülfe dieser andere Punkte G, also andere Ampèrewindungszahlen.

Aus der Definition der Charakteristik ergiebt sich GK als die der Stromstärke AB entsprechende Kraftlinienzahl N.

Greifen wir nun zurück auf die Seite 18 entwickelte Formel (1) für die elektromotorische Gegenkraft:

$$E = \frac{2 p N U z \, 10^{-8}}{60 \, n}$$

und schreiben dieselbe in der Form:

$$E = \frac{N U}{\beta},$$

so haben wir die sämmtlichen Grössen ausser N und U in

einen Werth β zusammengezogen, von dem wir uns nur merken wollen, dass er der Zahl der hintereinandergeschalteten Anker-drähte $\frac{z}{n}$ umgekehrt proportional ist.

Den obigen Ausdruck können wir auch als Proportion schreiben:

$$U : \beta = E : N.$$

Wir definiren nun β in der Figur ganz beliebig als Strecke AL auf der Abscissenaxe und ziehen durch L eine Senkrechte. Eine weitere Senkrechte ziehen wir durch K, sowie eine Wag-rechte durch D. Diese beiden Linien bestimmen den Punkt P, ausserdem wird durch die erstere der Punkt M auf der Abs-cissenaxe festgelegt. Es ist leicht ersichtlich, dass AM die Kraftlinienzahl N und PM die elektromotorische Gegenkraft E darstellt. Eine gerade Linie AP schneidet auf der Senk-rechten durch L den Punkt Q ab, und es ist aus der Aehn-lichkeit der Dreiecke P A M und Q A L, welche hier schraffirt sind, leicht nachzuweisen, dass LQ die gesuchte Umlaufs-zahl U darstellt, welche als Ordinate BR in B aufgetragen ist. Eine Verschiebung des Punktes B auf der Abscissenaxe liefert bei Wiederholung der Konstruktion andere Werthe der Umlaufszahl.

Tragen wir die erhaltenen Werthe der Umlaufszahl als Ordinaten zu den Stromstärken, von welchen wir ausgegangen sind, auf, so erhalten wir die in Fig. 7 dargestellte hyperbel-ähnliche Kurve. Die Stromstärken sind den verbrauchten Leistungen V J proportional, da wir ja die Spannung als konstant betrachtet haben. Wir erkennen also ein sehr leb-haftes Steigen der Geschwindigkeit bei abnehmender Belastung, welches uns die bekannte Eigenschaft der Hauptschlussmotoren, bei plötzlicher Entlastung durchzugehen, sehr deutlich ver-anschaulicht. Es erübrigt noch den Maassstab zu finden, in welchem die so konstruirte Umlaufszahl zu messen ist. Dies können wir am einfachsten durch rechnerische Ermittelung der Umlaufszahl für einen bestimmten Fall erreichen. Für die betrachtete Stromstärke von 25 Ampère haben wir bereits die elektromotorische Gegenkraft E = 431 Volt und die Ampère-

windungszahl 16000 ermittelt.   Letztere liefert mit Hilfe der
Charakteristik: $N = 4 \cdot 10^6$ Kraftlinien.   Im übrigen ist für
den betrachteten Motor: $p = 2$; $z = 944$ und $n = 2$ (Reihenschaltung), somit:

$$431 = \frac{2 \cdot 2 \cdot 4 \cdot 10^6 \cdot U \cdot 944 \cdot 10^{-8}}{60 \cdot 2},$$

woraus $U = 343$ Umdrehungen pro Minute sich ergiebt.

Regelungsmethoden.

———

Nachdem wir am Schlusse des vorigen Kapitels die Abhängigkeit der Umlaufszahl eines Hauptschlussmotors von der aufgenommenen Leistung — oder wie wir der Kürze halber sagen wollen — von seiner Belastung ermittelt haben, wollen wir jetzt die beiden folgenden Fragen entscheiden:

Welche Mittel haben wir bei der Konstruktion eines Bahnmotors, um dessen Umdrehungszahl zu ermässigen? und

Wie können wir beim fertigen Motor die Umdrehungszahl ändern?

Die erste Frage ist angesichts der Thatsache, dass man bei allen Bahnmotoren auf eine im Verhältniss zu ihrer Grösse niedrige Umlaufszahl sehen muss, sehr wichtig.

Nehmen wir z. B. für eine Strassenbahn einen Laufraddurchmesser von 0,8 m an, so muss die Radwelle bei einer Fahrgeschwindigkeit von 12 km/Stunde rund 80 Umdrehungen in der Minute machen. Die normale Umdrehungszahl von ca. 15pferdigen Motoren liegt aber bei 800. Vor nicht allzulanger Zeit versuchte man noch, diese Umlaufszahl beizubehalten und scheute die dadurch bedingte doppelte Uebersetzung nicht. Man ist heute allgemein zur einfachen Uebersetzung, zum Theil auch schon zum direkten Antrieb über-

gegangen, musste aber in beiden Fällen bei der Konstruktion
der Motoren erheblich von der normalen Umlaufszahl abgehen.

Auf den ersten Blick möchte es am natürlichsten erscheinen, durch Herabsetzen der Umlaufszahl zum direkten
Antrieb zu gelangen. Jede Uebersetzung hat Arbeitsverluste
zur Folge und vermehrt das Gewicht des Wagens, verursacht
also direkt und indirekt einen höheren Arbeitsverbrauch.
Wenn nun trotzdem in der Regel Uebersetzung und nur aus-
nahmsweise direkter Antrieb gewählt wird, so lässt uns das
darauf schliessen, dass auch der letztere von wirthschaftlichen
Bedenken nicht frei ist.

Die erstere der Eingangs dieses Kapitels aufgeworfenen
Fragen lässt sich also auch so stellen: Welche Nachtheile
bringt die Erniedrigung der Umlaufszahl eines Motors mit
sich? Wir können dieser Frage an Hand der Konstruktion
(Fig. 7) im vorigen Kapitel näher treten. Wir hatten dort
den Ausdruck:

$$U = \frac{\beta \cdot E}{N}$$

benutzt. Daraus ist schon zu erkennen, dass es drei Wege
giebt, die Umlaufszahl zu verringern, nämlich:

1. Ermässigung der elektromotorischen Gegenkraft,
2. Verstärkung der Kraftlinienzahl,
3. Ermässigung des Werthes β.

Die elektromotorische Gegenkraft ist in unserer Fig. 7 durch
die Strecke BD dargestellt. Diese Strecke können wir,
wenn, wie im Folgenden immer angenommen wird, die Stromstärke AB beibehalten wird, auf zwei Arten verkleinern.
Wir können:

a) die Linie CD parallel mit sich selbst nach unten
verschieben,

b) eine Drehung der Linie CD im Sinne des Uhrzeigers
um den Punkt C eintreten lassen.

Wenn wir auf Fig. 7 zurückgreifen, so werden wir
uns erinnern, dass die Tangente des Winkels $D_1 CD$ den
inneren Widerstand des Motors darstellt. Die beiden oben
behandelten Bedingungen würden also bedeuten:

a) Herabsetzung der Spannung unter Beibehaltung des
inneren Widerstands,

b) Vermehrung des inneren Widerstands unter Beibehaltung der Spannung.

Hiervon ist die erstere für sämmtliche Bahnen, bei denen der Strom den Wagen von aussen zugeführt wird, bei denen also Arbeitsübertragung vorliegt, unbrauchbar, weil die Arbeitsübertragung mit Rücksicht auf die Ermässigung der Leitungsverluste höhere Spannung bedingt. Wir können aber wohl daraus entnehmen, dass man bei reinem Akkumulatorenbetrieb mit Vortheil eine geringere Spannung anwenden kann. Die Vermehrung des inneren Widerstands bedingt eine Vergrösserung der Arbeitsverluste durch Stromwärme, führt also zu einem geringeren Wirkungsgrad.

Was nun die Vermehrung der Kraftlinienzahl betrifft, welche sich in der Figur durch eine Verschiebung des Punktes M nach rechts äussern würde, so kann dieselbe im allgemeinen auf zwei Arten erfolgen:

a) ohne Veränderung des Maschinenkörpers, also lediglich durch Steigerung der Ampèrewindungszahl, oder

b) durch Abänderung des Maschinenkörpers.

Bezüglich der ersteren Art ist zu beachten, dass sie auf keinen Fall eine befriedigende genannt werden kann, da Bahnmotoren, normal belastet, schon mit so hohen magnetischen Sättigungen arbeiten, dass eine energische Steigerung der Kraftlinienzahl überhaupt nicht mehr möglich ist. Verfolgen wir aber dennoch diese Methode, um zu erkennen, zu welchem Ziele sie führt. Eine Steigerung der Ampèrewindungszahl ohne Veränderung der Stromstärke bedeutet natürlich eine Vermehrung der Windungszahl. Graphisch würde die Aufgabe sein: die Strecke AG (BH) soll vergrössert werden, während AB beizubehalten ist. Dann muss also AH um A gedreht werden und zwar so, dass der Winkel HAB grösser wird. Dann wandert der Punkt G nach unten, mit ihm der Punkt K, wobei letzterer sich von der Ordinatenaxe entfernt; also Anwachsen der Kraftlinienzahl andeutet.

Erwägen wir also die Folgen einer Vergrösserung der Windungszahl.

Da die Stromstärke beizubehalten ist, so kann natürlich eine Verminderung des Drahtquerschnitts nicht eintreten. Die

einzubauende Kupfermenge wächst also proportional der Vermehrung der Windungszahl, und es fragt sich, ob der Wicklungsraum so gross ist, dass er die verlängerte Wicklung
noch aufnehmen kann. Trifft dies auch zu, so wird doch
durch Vermehrung der Windungszahl der innere Widerstand
vermehrt, also der Wirkungsgrad des Motors vermindert.

Es lässt sich natürlich auch unter Beibehaltung der
Ampèrewindungszahl eine Verstärkung des Magnetfeldes her-
beiführen, oder, um auf unsere Figur zurückzugreifen, es
lässt sich erreichen, dass alle Punkte der Kurve AF sich
wagerecht nach rechts bewegen, aber nicht ohne Aenderung
der Abmessungen der Maschine. Hier ist die Aufgabe, den
magnetischen Widerstand zu ermässigen, und dies kann nur
durch Vergrösserung der Querschnitte des magnetischen Stromkreises geschehen. Wir können also in dieser Richtung mit
Erfolg vorgehen, aber wir sehen auch, dass der Weg, den
wir einzuschlagen beabsichtigen, zur Vergrösserung der
Maschine führt.

Es bleibt noch die Möglichkeit einer Verkleinerung des
Werthes β. Dieser ist, wie aus seiner Definition hervorgeht,
dem Werth $\frac{z}{n}$, d. i. der Zahl hintereinandergeschalteter Ankerdrähte, umgekehrt proportional. Ermässigung von β würde
also heissen: Vergrösserung von $\frac{z}{n}$. Wir erinnern uns, bei
den Untersuchungen über das Drehungsmoment zu dem Ergebniss gekommen zu sein, dass es in jedem Fall besonders
zu untersuchen ist, ob Reihen- oder Parallelschaltung der
Ankerdrähte den Vorzug verdiene, dass aber stets diejenige
Schaltung, welche zum grössten Drehungsmoment führt,
auch die kleinste Umlaufszahl ergiebt. Wir dürfen also eine
Vergrösserung des Werthes $\frac{z}{n}$ nur in der Vermehrung der
Zahl wirksamer Ankerdrähte suchen, ohne Rücksicht darauf,
wie dieselben zu schalten sind. Dabei müssen wir nothwendig
zum Ergebniss gelangen, dass diese Bedingung nur durch
Vergrösserung des Ankerdurchmessers erfüllt werden kann,
womit aber zugleich alle Abmessungen der Maschine wachsen.
Die Vermehrung der Zahl wirksamer Ankerdrähte hat aber

auch eine Zunahme des Ankerwiderstands und folglich eine
Abnahme des Wirkungsgrads im Gefolge, sofern nicht eine
der Vermehrung entsprechende Verstärkung des Drähtquer-
schnitts eintritt; diese würde aber ihrerseits wieder eine Vergrösserung des Ankerdurchmessers bedingen.

Fassen wir die sämmtlichen Möglichkeiten einer Ermässigung der Umlaufszahl nochmals ins Auge, so erkennen
wir, dass sie alle entweder zur Verschlechterung des Wirkungsgrads oder zur Vergrösserung der Maschine führen.

Diese Vergrösserung der Maschine hat, abgesehen von
der Preissteigerung, noch einen erhöhten Arbeitsverbrauch
im Gefolge. Nehmen wir an, ein besetzter Strassenbahnwagen
wiege 6 Tonnen, wovon 1 Tonne auf die Motoren entfalle
und es würden an Stelle dieser Motoren, solche vom doppelten
Gewicht, also von zwei Tonnen gesetzt. Das Gesammtgewicht
würde dann von 6 auf 7 Tonnen, also um 17 Procent wachsen.
Im gleichen Verhältniss würde aber auch der Arbeitsverbrauch
pro Wagenkilometer wachsen, es würde also eine Vermehrung
des Motorgewichts um eine Tonne denselben Erfolg haben,
wie ein Rückgang des Wirkungsgrads um 17 Procent. Aus
alledem ist ersichtlich, dass der Uebergang von der einfachen
Uebersetzung zum direkten Antrieb unter Umständen mehr
Nachtheile als Vortheile bringen kann.

Weniger bedenklich als bei Strassenbahnen ist die Ein-
führung des direkten Antriebs bei Vollbahnen und zwar aus
zwei Gründen. Einmal ist die Umlaufszahl der Radwellen
bei Vollbahnen höher und dann bedingen sie schon an und
für sich die Anwendung grösserer Motoren, bei welchen die
normale Umdrehungszahl tiefer liegt.

Die etwas ausführliche Behandlung der Frage langsam
laufender Mototen hat uns die Beantwortung der eingangs
dieses Kapitels aufgeworfenen zweiten Frage bereits wesentlich erleichtert.

Von den drei Möglichkeiten, die Umlaufszahl herabzusetzen, müssen wir die dritte hier ausscheiden lassen, weil
sie auf konstruktiven Aenderungen der Maschine beruht, wir
aber nur diejenigen Aenderungen jetzt zu betrachten haben,
welche im Betrieb vorgenommen werden können.

Wir können also eine Regelung der Motoren erzielen.

I. durch Einwirken auf die elektromotorische Gegenkraft,
II. durch Einwirken auf das magnetische Feld.

Die Umlaufszahl eines Motors ändert sich proportional
der elektromotorischen Gegenkraft, sofern eine gleichzeitige
Aenderung der Kraftlinienzahl nicht eintritt. Da nun die
elektromotorische Gegenkraft der um den Betrag des inneren
Spannungsverlustes verminderten Klemmspannung gleich ist,
und ersterer nur wenige Procente der letzteren beträgt,
so kann ein energisches Einwirken auf die elektromotorische
Gegenkraft nur durch Veränderung der Klemmspannung
erzielt werden. Wir können also die dahin gehörigen Methoden als Regelungs-Methoden bezeichnen, welche die Veränderung der dem Motor gebotenen Klemmspannung zum
Zweck haben.

Es sind nun zwei Hauptfälle denkbar:

1. Die dem Wagen zu liefernde Spannung ist — abgesehen von den üblichen durch Belastungsänderungen und
Spannungsverluste bedingten Schwankungen — gleichbleibend,

2. es ist möglich, dem Wagen eine veränderliche Spannung zu bieten.

Der erste Fall liegt vor, sobald dem Wagen die elektrische
Energie von aussen zugeführt wird; der zweite, wenn die
Stromquelle im Wagen selbst enthalten ist, also beim Akku-
mulatorbetrieb.

Im ersten Falle ist eine bestimmte Spannung zwischen
Hin- und Rückleitung gegeben. Man kann nun die auf den
Motor wirkende Spannung dadurch verändern, dass man:

a) einen veränderlichen Widerstand dem Motor — oder
wenn der Wagen deren mehrere enthält — den unter sich in
unveränderlicher Schaltung befindlichen Motoren vorschaltet,
oder:

b) die Motoren eines Wagens wechselseitig in Reihen-
und Parallelschaltung oder, falls der Wagen vier oder mehr
Motoren enthält — in zusammengesetzte Schaltungen bringt.

Im Falle des Akkumulatorenbetriebs kann eine Beeinflussung der dem Motor gebotenen Spannung auch durch
Veränderung der elektromotorischen Kraft des Stromkreises
erzielt werden, wenn man die im Wagen enthaltenen Bat-
terien in verschiedenartige Schaltungen bringt.

Eine Einwirkung auf das magnetische Feld kann natürlich nur durch Veränderung der Ampèrewindungszahl erfolgen.
Da nun die Stromstärke durch die Belastung bestimmt ist,
so handelt es sich lediglich um eine Veränderung der wirksamen Windungszahl. Die letztere kann aber wieder auf
zwei Arten erfolgen:

a) durch Veränderung eines der Magnetbewicklung parallel geschalteten Widerstands oder:

b) durch wechselseitige Schaltung der in verschiedenen
Gruppen zerlegten Magnetbewicklung.

Die vorstehend geschilderten Methoden sind der Uebersichtlichkeit halber im folgenden Schema nochmals zusammengestellt. Ihre eingehendere Beschreibung wird die Aufgabe
der folgenden Kapitel sein.

Regelung der Bahn-Motoren.

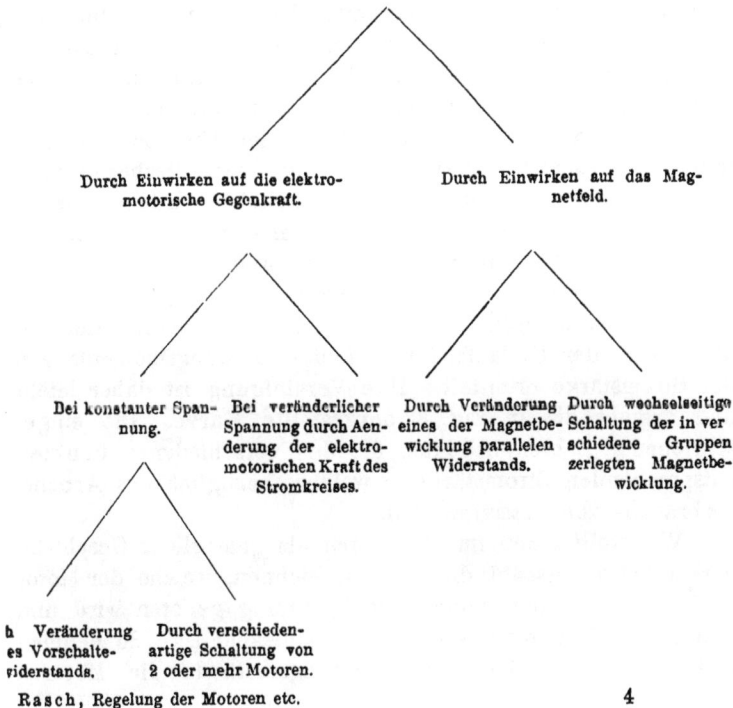

Durch Einwirken auf die elektromotorische Gegenkraft.

Durch Einwirken auf das Magnetfeld.

Bei konstanter Span-
nung.

Bei veränderlicher
Spannung durch Aen-
derung der elektro-
motorischen Kraft des
Stromkreises.

Durch Veränderung
eines der Magnetbe-
wicklung parallelen
Widerstands.

Durch wechselseitige
Schaltung der in ver
schiedene Gruppen
zerlegten Magnetbe-
wicklung.

h Veränderung
es Vorschalte-
viderstands.

Durch verschieden-
artige Schaltung von
2 oder mehr Motoren.

Wir wollen den nachstehenden Untersuchungen folgenden Gedankengang zu Grunde legen:

Von der Zugkraft am Radumfang gehen wir aus. Sie ist durch die Bahnverhältnisse (ebene Strecke, Steigung, Kurve) oder durch die Betriebsverhältnisse (Anfahren, normale Fahrt, Beschleunigung) begründet, und soll daher als unabhängige Veränderliche aufgefasst werden.

Die Zugkraft am Radumfang ist dem Drehungsmoment des Ankers proportional. Das letztere ist aber eine Funktion der elektrischen Grössen (Stromstärke, Kraftlinienzahl) und enthält nicht auch, wie die Zugkraft, das Uebersetzungs-verhältniss und den Radius des Laufrads. Es empfiehlt sich daher, zunächst das Drehungsmoment an Stelle der Zugkraft zu setzen und die letztere auf das erstere umzurechnen.

Abhängige Veränderliche ist die Fahrgeschwindigkeit oder die Umlaufszahl des Motors. Wir wählen am besten die letztere, da sie unabhängig von Uebersetzungsverhältniss und Laufradhalbmesser ist. Ein zweiter Maassstab, der natürlich geändert werden muss, wenn sich eine der obigen Grössen ändert, ermöglicht dann einfach von der Umlaufszahl des Motors auf die Fahrgeschwindigkeit zu schliessen.

Das Drehungsmoment des Ankers sei Abscisse, die Um-laufszahl Ordinate. Man gelangt zu den diesbezüglichei Kurven, indem man, auf die im 2. Kapitel beschriebene Weise von der Stromstärke ausgehend, sowohl das Drehungsmoment, als auch die Umlaufszahl ermittelt, und dann zusammen-gehörige Werthe in ein neues Diagramm einträgt.

Für den betrachteten Motor haben wir bereits die Ab-hängigkeit der Umlaufszahl und des Drehungsmoments von der Stromstärke ermittelt. Ihre Vereinigung ist daher leicht und ergiebt die in Fig. 8 dargestellte Kurve. Die einge-schriebenen Zahlen bedeuten die den verschiedenen Punkten entsprechenden Stromstärken, welche bezüglich des Arbeits-verbrauchs von Interesse sind.

Wir wollen nun im Folgenden als „natürliche Geschwin-digkeit" (Umlaufszahl) diejenige bezeichnen, welche der Motor annimmt, wenn ihm seine volle Spannung geboten wird und sein Magnetfeld nicht künstlich geschwächt ist. So nehmen z. B. bei der Serienparallelschaltungsmethode die Motoren

erst in der Parallelschaltung die natürliche Geschwindigkeit
an, denn erst dann wird ihnen ihre volle Spannung geboten.
Bei dem System der Veränderung eines der Magnetbewicklung parallel geschalteten Widerstands (Methode der Nebenschliessung) tritt die natürliche Geschwindigkeit dann ein,
wenn dieser Widerstand unendlich gross (offen) ist.

Die natürliche Geschwindigkeit ist hiernach auf eine
bestimmte Zugkraft begründet, sie bleibt deshalb eine Funktion der letzteren und stellt sich uns durch eine Kurve der
soeben besprochenen Art dar. Andere Kurven erhalten wir,

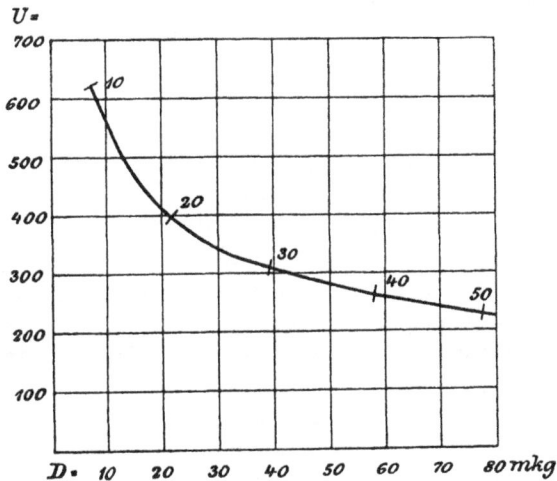

Fig. 8.

wenn wir durch irgendwelche Schaltungen von der natürlichen Geschwindigkeit abgehen.

Auf Grund obiger Definition können wir jetzt schon einen
grossen Unterschied zwischen den beiden Hauptgruppen erkennen, in die wir die Regelungsmethoden (vergl. S. 49) ein-
getheilt haben. Da die natürliche Geschwindigkeit bei höchster
Spannung mit stärkstem Magnetfeld eintritt, so ermöglichen
die Methoden, welche auf Einwirkung auf die elektromotorische
Gegenkraft beruhen, nur ein Abgehen von der natürlichen
Geschwindigkeit nach unten. Dagegen gestatten die anderen
Methoden, welche Einwirkung auf das Magnetfeld zum Zwecke

4*

haben, nur ein Abgehen nach oben, weil sie nur relative
Abschwächung des Feldes ermöglichen. Im letzteren Falle
ist natürlich abgesehen vom Zustande des Anfahrens; hierbei
liegt die Geschwindigkeit infolge des Vorschaltewiderstands
thatsächlich unter der natürlichen.

Aus obigem können wir den Schluss ziehen, dass, wenn
ein und derselbe Motor für den gleichen Zweck einmal nach
einem System der ersten und einmal nach einem der zweiten
Hauptgruppe geregelt werden sollte, im letzteren Fall ein
grösseres Uebersetzungsverhältniss zwischen Motorwelle und
Radwelle zur Anwendung kommen müsste.

Wir gehen also bei der Beurtheilung einer Regelungsmethode von der Kurve aus, welche die Beziehungen zwischen
Umlaufszahl und Drehungsmoment oder auch zwischen Fahrgeschwindigkeit und Zugkraft darstellt. Diese Kurve hat für
jeden Hauptschlussmotor Aehnlichkeit mit einer Hyperbel.
Durch irgend welche Regelung erhalten wir eine Kurve,
welche zwar andere Ordinaten, aber doch noch den gleichen
Charakter hat (verg. z. B. Fig. 10).

Für den Nebenschlussmotor ist diese Kurve eine gerade
Linie, wie aus folgender Betrachtung hervorgeht. Schreiben
wir die Ausdrücke für Drehmoment und Umlaufszahl abgekürzt:

$$D = \frac{J \cdot N}{k}$$

$$U = \frac{\beta E}{N} = \frac{\beta}{N}(V - J r),$$

wo r den Widerstand des Ankers bedeutet, so können wir
eine den Werth J nicht enthaltende Gleichung bilden:

$$V - \frac{r \cdot kD}{N} = \frac{NU}{\beta}.$$

Diese Gleichung ist für die Veränderlichen D und U linear
und stellt somit eine gerade Linie dar. Wird der Widerstand der Magnetbewicklung geändert, so ändert sich N und

es findet sich eine neue gerade Linie. Für die bereits öfters benutzten Konstanten ist:

$$500 - \frac{1,1 \cdot 3,26 \cdot 10^6 \cdot D}{N} = \frac{N \cdot U}{3,18 \cdot 10^6}.$$

Nehmen wir, was der Normalleistung des Motors entspricht, zunächst $N = 4 \cdot 10^6$, so findet sich hieraus die Linie I Fig. 9. In Folge Einschaltens von Widerstand in den Erregerstromkreis möge nun N auf $3,0 \cdot 10^6$ heruntergehen, dann ergiebt sich die höher liegende Linie II. Zwischen beiden Linien

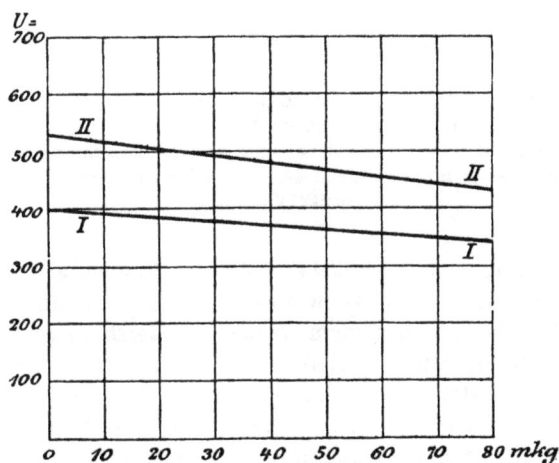

Fig. 9.

I und II liegt der Arbeitsbereich des Motors. Die Ausdehnung des Arbeitsbereichs wollen wir keiner Kritik unterziehen, sie hängt davon ab, wie weit die Abschwächung des Feldes getrieben wird. Aber die Form des Streifens zwischen beiden Linien lässt uns deutlich erkennen, dass der Nebenschlussmotor für solche Fälle gut geeignet ist, wo eine annähernd gleiche Geschwindigkeit bei verschiedenen Zugkräften erzielt werden soll. Dagegen ist das Anwendungsgebiet des Hauptschlussmotors da zu suchen, wo grosse Geschwindigkeiten mit kleinen Zugkräften und umgekehrt kleine Geschwindigkeiten mit grossen Zugkräften vereinigt sind.

Viertes Kapitel

Regelung durch Vorschaltewiderstand.

Beeinflussung der elektromotorischen Gegenkraft — Widerstandsregelung — Die Zugkraft bestimmt den Arbeitsverbrauch — Natürliche und ermässigte Geschwindigkeit — Vortheilhafte und unvortheilhafte Anwendung der Methode — Beispiel — Schuckert's Geschwindigkeitsregler — Ein neuer Vorschlag.

———

Wir haben uns zunächst mit der Regelung durch Veränderung eines Vorschaltewiderstands zu beschäftigen, einer Methode, die oft mit dem Namen Widerstandsregelung bezeichnet wird. In der That könnte man versucht sein, diese Methode aus der Klasse der Systeme der Spannungsregelung herauszunehmen; denn man kann den Vorschaltewiderstand ja auch als Theil des Gesammtwiderstands auffassen. Alsdann hätte man eine konstante, auf den Motor wirkende Spannung, während dessen Widerstand Veränderungen ausgesetzt ist.

Indessen ist doch der Zweck hier nicht die Einwirkung auf den Widerstand, sondern auf die elektromotorische Gegenkraft. So schien es berechtigter, den Vorschaltewiderstand als ausserhalb des Motors liegend zu betrachten. Die Veränderung des Vorschaltewiderstands hat dann eine Aenderung der auf den Motor wirkenden Spannung zur Folge. Immerhin mag die Bezeichnung Widerstandsregelung zum Unterschied von der später zu beschreibenden Methode der Reihen- und Parallelschaltung auch im Folgenden gebraucht werden.

Die Verwendung von Vorschalte-(Hauptschluss-)Widerständen ist im allgemeinen nicht wirthschaftlich, und es wird

deshalb auch häufig von vorn herein der Stab über diese
Methode gebrochen, was aber nicht immer berechtigt ist. Es
giebt eine ganze Reihe von Fällen, wo die Methode ebenso
brauchbar ist, wie jede andere. Eine kurze Betrachtung wird
uns Einblick in die Verhältnisse gewähren.

Aus den Entwicklungen des vorigen Kapitels war zu

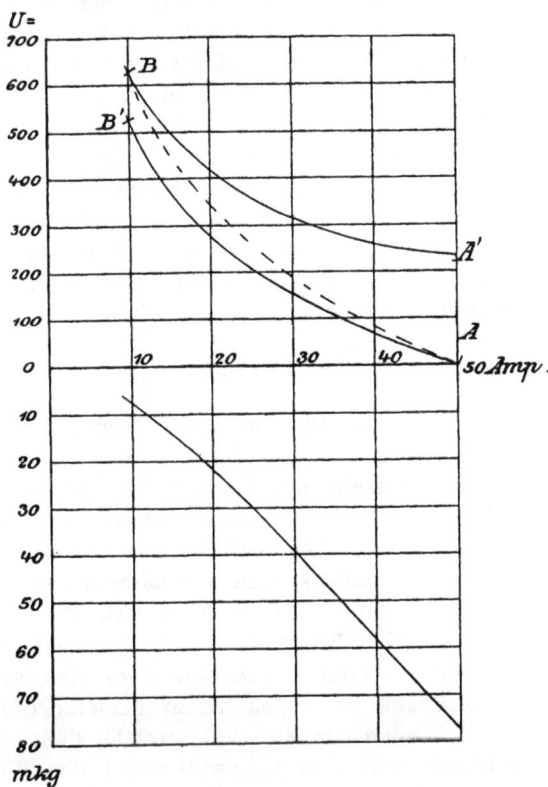

Fig 10.

entnehmen, auf welche Weise man mit Hilfe der Charakteristik
und der Konstanten des Motors auf graphischem Wege sowohl die Abhängigkeit des Drehungsmoments, als auch der
Umlaufszahl von der Stromstärke ermitteln kann.

Die beifolgende Fig. 10 stellt nun diese Beziehungen dar.
Es sind als Abscissen die Stromstärken, als Ordinaten nach

unten die Drehungsmomente und nach oben die Geschwindigkeiten (Umdrehungszahlen) aufgetragen, und zwar stellt die
obere Kurve (A'B) die natürlichen Geschwindigkeiten dar,
die sich bei 500 Volt Spannung und einem Motorwiderstand
von 2,75 Ohm ergeben.

Die untere Geschwindigkeitskurve (AB') ist auf folgende
Weise erhalten: Im Augenblick des Anfahrens ist natürlich
ein grosses Drehungsmoment erwünscht. Demselben ist aber
eine Grenze gesetzt, da mit Rücksicht auf die Folgen zu
grosser Erwärmung die Stromstärke einen gewissen Werth
nicht überschreiten soll. Nehmen wir an, es solle dieser
Werth höchstens doppelt so gross sein, als die normale Stromstärke (25 Ampère), also 50 Ampère. Da nun im Augenblick
des Anfahrens die elektromotorische Gegenkraft Null ist, so
wird die ganze Spannung von 500 Volt in Vorschalte- und
Eigenwiderstand des Motors verbraucht. Sonach müssen also
diese Widerstände zusammen:

$$\frac{500}{50} = 10 \text{ Ohm}$$

messen, und es verbleiben für den Vorschaltewiderstand allein
$10 - 2,75 = 7,25$ Ohm.

Da die Windungszahl des Magnetfeldes unveränderlich
ist, so ändert sich auch die Kraftlinienzahl für eine und dieselbe Stromstärke nicht. Wir haben daher auch nur eine
Kurve des Drehungsmoments, welche beiden Kurven der Geschwindigkeit entspricht. Ausserdem müssen sich die Umlaufszahlen bei gleicher Stromstärke wie die elektromotorischen Gegenkräfte verhalten. Bezeichnen wir also mit U die
natürliche Umlaufszahl, mit w den Eigenwiderstand des Motors
und mit U_1 eine andere Umlaufszahl, welche dann erreicht
wird, wenn Eigen- plus Vorschaltewiderstand den Werth w_1
haben, so muss sein:

$$\frac{U_1}{U} = \frac{V - w_1 J}{V - w J}.$$

Wir haben also z. B. für 30 Ampère:

$$\frac{U_1}{U} = \frac{500 - 10 \cdot 30}{500 - 2,75 \cdot 30} = 0,479.$$

Hiernach finden sich die sämmtlichen Werthe der unteren Kurve. Von Nebeneinflüssen ist natürlich abgesehen, insbesondere wird ja die Spannung bei aussergewöhnlich hoher Stromentnahme unter 500 Volt liegen. Die beiden Kurven der Umlaufszahl begrenzen den Wirkungsbereich des Motors, sein Arbeitsfeld. Abgesehen von den, höheren Stromstärken entsprechenden, Punkten der oberen Kurve, welche keinen praktischen Werth haben, weil die erforderliche Zugkraft im Vollbetrieb diese höheren Werthe nicht mehr annimmt, kann jeder Punkt auf den beiden Kurven erreicht werden, ebenso mit mehr oder weniger Genauigkeit, alle zwischen den Kurven gelegenen Punkte. Letzteres hängt von der Anzahl der Stufen ab, die wir dem Widerstandsregler geben.

Nehmen wir einen Motorwagen mit zwei Motoren, der einen Anhängewagen zieht. Die ganze Bruttolast möge 12 Tonnen betragen, der Zugkoefficient sei 12,5 für die Ebene, so dass also eine Zugkraft von 150 kg erforderlich ist. Auf den einzelnen Motor kommen somit 75 kg. Der Halbmesser des Laufrades sei 0,375 m, das Uebersetzungsverhältniss 1:4,75 und der Wirkungsgrad (abgesehen von Ohm'schen Verlusten) 0,8. Es ergiebt sich nach Formel 5 S. 21 das Drehungsmoment zu:

$$\frac{75 \cdot 0,375}{0,8 \cdot 4,75} = \text{rund } 7,5 \text{ mkg.}$$

Die Fahrgeschwindigkeit ist laut Formel 6 Seite 23:

$$c = 0,377 \cdot \frac{0,375 \cdot U}{4,75} = \frac{U}{33,5}.$$

Wir erkennen aus unserer Fig. 10, dass wir etwa 10 Ampère pro Motor brauchen, und eine Fahrgeschwindigkeit von maximal 18,5 km pro Stunde erreichen können. Bezeichnen wir diesen Punkt auf der oberen Kurve mit B, den Ausgangspunkt (Moment des Einschaltens) mit A, so müssen wir auf irgend einem Wege von A nach B gelangen. Z. B. könnten wir den Vorschaltewiderstand möglichst lange eingeschaltet lassen. Da die Zugkraft während des Anfahrens von selbst

abnimmt, so würden wir allmählich auf den Punkt B' gelangen, von dem aus wir durch Ausschalten des Widerstands B erreichen könnten. Wir würden ein sehr sanftes
Anfahren erzielen, jedoch viel Zeit brauchen. Das Umgekehrte würde eintreten, wenn wir bestrebt wären, möglichst
schnell die obere Kurve zu erreichen, dann wird die Folge
ein zwar kurzes, aber sehr unsanftes Anfahren sein. Der
beste Weg wird auch hier in der Mitte liegen und etwa der
eingezeichneten Kurve AB entsprechen. Wir können nun
der Fig. 10 die für die verschiedenen Stadien der Bewegung
erwünschten Umlaufszahlen entnehmen. Die erforderlichen
Widerstände könnten graphisch ermittelt werden, hier dürfte
aber ein rechnerisches Verfahren zweckmässiger sein.

Wir entnehmen der Kurve die einer gewissen Stromstärke J
zukommende natürliche Umlaufszahl U (obere Kurve), sowie
die erwünschte Umlaufszahl U_1. Für gleiche Zugkraft verhalten sich, weil alsdann auch die Stromstärke die gleiche
ist, die Umlaufszahlen wie die elektromotorischen Gegenkräfte; also:

$$U_1 : U = E_1 : E$$

und hieraus:

$$E_1 = \frac{U_1}{U} \cdot E = \frac{U_1}{U} (V - Jw),$$

wobei hier $V = 500$ Volt und $w = 2,75$ Ohm ist.

Da $E_1 = V - Jw_1$ ist, so können wir auf diese Weise
den Werth w_1 (Eigenwiderstand $+$ Vorschaltewiderstand) ermitteln, was in folgender Tabelle durchgeführt werden möge:

$J =$	15	20	25	30	35	40	45	Ampère
$w \cdot J =$	41	55	69	82	96	110	124	Volt
$E =$	459	445	431	418	404	390	376	„
$U =$	476	404	343	313	286	261	243	Umdrehung. pro Minute
$U_1 =$	450	340	270	200	140	90	50	„
$E_1 =$	434	374	339	267	198	134	77	Volt
$J\ w_1 =$	66	126	161	233	302	366	463	„
$w_1 =$	4,4	6,3	6,4	7,8	8,6	9,1	10,3	Ohm

Wir erkennen also, dass die Abstufungen des Widerstands
nicht gleichmässig gehalten werden sollen, sondern, dass bei

deren Bestimmung der jeweilige Zweck im Auge zu behalten ist.

Ein Anwachsen der Geschwindigkeit genau nach der
Kurve AB können wir nicht erwarten. Dazu würde ein kon-
tinuirlich veränderlicher Widerstand[1]) und eine ausserordentlich aufmerksame Bedienung erforderlich sein. Ein stufen-
weise veränderlicher Widerstand wird dazu führen, dass der
Verlauf ein mehr oder weniger treppenförmiger wird. Nehmen wir wie oben sieben Zwischenstufen an, so werden wir
für jede eine Geschwindigkeitskurve konstruiren können, also
7 weitere Kurven erhalten, die sich zwischen die beiden vorhandenen lagern. So lange der Widerstand nicht geändert
wird, wird sich die Geschwindigkeit entsprechend einer
der Kurven ändern. Ausschalten von Widerstand bewirkt
Uebergang von einer Kurve zur nächst höheren. Dieser Uebergang kann natürlich nicht in scharfen Sprüngen erfolgen, es
wird sich vielmehr ein natürliches Bestreben zur Abrundung
zeigen, dennoch wird er sich bei grossen Intervallen unan-
genehm bemerkbar machen.

Ist der normale Betrieb erreicht, und es steigert sich
die erforderliche Zugkraft z. B. infolge einer Steigung oder
Kurve, so geht die Geschwindigkeit entsprechend der oberen
Kurve zurück. Ein Steigern der Geschwindigkeit im normalen Betrieb ist nicht möglich, es müssten denn die Motoren
grösser als nothwendig bemessen und noch etwas Vorschaltewiderstand in Reserve gehalten sein. Wird ohne Anhängewagen gefahren, so wird die erforderliche Zugkraft geringer
und die Geschwindigkeit höher. Nun ist aber letztere im
Innern von Städten an gewisse obere Grenzen gebunden und
es macht sich die Nothwendigkeit geltend, Widerstand ein-
zuschalten. Da nun die verbrauchte Arbeit pro Sekunde
gleich Klemmspannung mal Stromstärke, die umgesetzte aber
nur gleich elektromotorischer Gegenkraft mal Stromstärke ist,
so wird die Arbeitsweise um so unwirthschaftlicher, je
niedriger die elektromotorische Gegenkraft ist, also je mehr
die Geschwindigkeit unter ihren normalen Werth herunter-
gedrückt wird.

---

[1]) Kummer & Co. verwenden einen Flüssigkeitswiderstand.

Es lässt sich also das Urtheil über diese Methode dahin zusammenfassen, dass sie da, wo im normalen Betriebe Geschwindigkeitsregelung nothwendig wird, mehr oder weniger unwirthschaftlich ist. Wo dagegen der Vorschaltewiderstand nur während der Periode des Anfahrens gebraucht wird, lässt sich gegen die Methode nichts einwenden, denn auch die übrigen Regelungsmethoden müssen sich während des Anfahrens des Widerstands bedienen.

Dass die Verluste thatsächlich nicht so gross sind, wie man erwarten sollte, lässt sich leicht an einem Beispiel zeigen. Nehmen wir an, der besprochene aus Motor- und Anhängewagen bestehende Zug habe auf je 10 km Fahrt 5 km Aussenstrecken, auf welchen er seine normale Geschwindigkeit von 18,5 km pro Stunde ausnutzen kann. Die übrigen 5 km mögen auf Stadtstrecken entfallen und sei hier die maximal zulässige Fahrgeschwindigkeit auf $12^1/_2$ km pro Stunde bemessen. Die Zugkraft möge in beiden Fällen dieselbe sein, es wird also auch der Stromverbrauch von 10 Ampère pro Motor auf Stadt- und Aussenstrecken derselbe sein. Daher beträgt auch die aufgenommene Leistung pro Motor jeweils 500 Volt mal 10 Ampère = 5 Kilowatt, im ganzen also 10 Kilowatt. Bei einer Fahrstrecke von jeweils 5 km erfordert das Durchfahren der Aussenstrecken: $\frac{5}{18,5} = 0,27$ Stunden, während für die Stadtstrecken $\frac{5}{12,5} = 0,4$ Stunden erforderlich sind. Der Arbeitsaufwand beträgt also: $10 \cdot 0,27 = 2,7$ bezw. $10 \cdot 0,4 = 4,0$ Kilowattstunden. Die Berechnung würde aber ein falsches Bild ergeben, wenn man den Einfluss des Anfahrens vernachlässigen würde. Es sei zum Anfahren ausser den bereits eingerechneten 10 Kilowatt eine Leistung von weiteren 30 Kilowatt während 25 Sekunden erforderlich, also pro Anfahrt mehr:

$$\frac{30 \cdot 25}{60 \cdot 60} = 0,21 \text{ Kilowattstunden.}$$

Es mögen auf den Kilometer Stadtstrecke 5 Anfahrten, auf den Kilometer Aussenstrecken eine Anfahrt entfallen, dann

ist auf der ganzen Strecke 30 mal anzufahren; es kommen
also hinzu: $30 \cdot 0{,}21 = 6{,}3$ Kilowattstunden. Im ganzen würden also bei Widerstandsregelung: $2{,}7 + 4 + 6{,}3 = 13$ Kilowattstunden auf die Strecke zu rechnen sein.

Die Ermässigung der Geschwindigkeit auf den Stadtstrecken kann hier nur durch Herabsetzen der elektro-
motorischen Gegenkraft im Verhältniss: $\dfrac{12{,}5}{18{,}5}$ erfolgen. Betrug
diese also bei 10 Ampère 473 Volt, so muss sie auf

$$\frac{473 \cdot 12{,}5}{18{,}5} = 319 \text{ Volt}$$

herabgesetzt werden, d. h. es sind 154 Volt, oder pro Motor
1540 Watt in Widerständen zu verzehren. Die in Wärme um-
zusetzende elektrische Arbeit würde also $2 \times 1{,}54 \times 0{,}4 = 1{,}23$
Kilowattstunden betragen, da die Fahrzeit, wie oben berech-
net wurde, 0,4 Stunden beträgt. Hätten wir also eine Methode,
welche das Abgehen von der natürlichen Geschwindigkeit
ohne Opfer an elektrischer Arbeit ermöglicht (eine solche
existirt aber, wie wir später sehen werden, nicht), so könnten
im vorliegenden Fall von den ermittelten 13 Kilowattstunden
1,23 Kilowattstunden oder $9^{1}/_{2}$ Procent erspart werden.

Nun kann man sich aber im gegebenen Falle noch sehr
einfach helfen. Wir haben mit 150 kg Zugkraft am Radumfang gerechnet und zwei Motoren zugleich arbeiten lassen,
sodass auf den einzelnen 75 kg kommen. Hierbei ist die
natürliche Geschwindigkeit 18,5 km/Stde. Schalten wir einen
Motor aus, so hat der andere allein 150 kg zu leisten, und
die natürliche Geschwindigkeit geht auf 14 km/Stde. herunter.
Man hätte dann nur durch Einschalten von Widerstand diese
14 auf $12^{1}/_{2}$ km/Stunde herabzusetzen. Dabei würde eine
Arbeitsersparniss von $25^{0}/_{0}$ eintreten (15 Ampère statt 2 mal 10).
Diese $25^{0}/_{0}$ von dem Arbeitsaufwand auf der Stadtstrecke bedeuten 1 Kilowattstunde, also $7{,}7^{0}/_{0}$ vom Ganzen, und es ver-
bleibt nur eine Ersparniss von $1{,}8^{0}/_{0}$, falls man statt der
Widerstandsregelung eine andere Methode anwenden könnte,
welche die Herabsetzung der natürlichen Geschwindigkeit
ohne Arbeitsaufwand ermöglicht. Das geschilderte Verfahren,

die natürliche Geschwindigkeit anstatt durch Einschalten von Widerstand durch Ausschalten eines oder, je nach Anzahl der vorhandenen, auch mehrerer, Motoren herabzudrücken, ist zwar sehr einfach, dürfte aber doch solange nicht durchdringen, als nicht die Umschalter besonders darnach konstruirt sind. Es wäre ja der Gedanke sehr naheliegend, neben dem Widerstandsregler einen besonderen Motor-Ausschalter anzubringen, allein es ist dann zu erwarten, dass der letztere nicht gehandhabt wird.

Die Widerstandsregelung besitzt einen nicht zu unterschätzenden Vorzug vor den anderen Methoden: sie gestattet die denkbar einfachste Anordnung des Reglers. Als Beispiel möge die Schaltung eines Schuckert'schen Motorwagens[1])

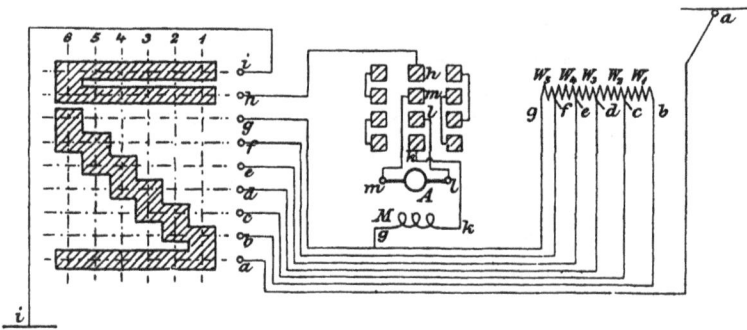

Fig. 11.

dienen. (Fig. 11.) Die Rolle (a) ist in den hier wiedergegebenen Schaltungszeichnungen allgemein als Zeichen der Stromzuführung, der horizontale Strich (hier mit i bezeichnet) als Zeichen der Verbindung mit dem Wagengestell gewählt. Wir erblicken in der Mitte der Zeichnung den Motor mit dem Anker A und der Magnetbewicklung M; über dem Motor ist der Richtungswechsler, links der Geschwindigkeitsregler und rechts der Widerstand dargestellt.

Der Geschwindigkeitsregler besteht im Wesentlichen aus den feststehenden, federnden Kontakten a bis i und dem beweglichen Theil, einem von Hand zu drehenden, aus isoliren-

---

[1]) Elektrotechnische Zeitschrift 1896, S. 524.

dem Material konstruirten Cylinder. In der Abbildung ist die Abwicklung des Mantels dieses Cylinders dargestellt, soweit sie zum Verständniss der Methode erforderlich schien. Es sei hier bemerkt, dass der Verfasser auf dem Standpunkt steht, eine Schaltungszeichnung dürfe nur das Notwendigste enthalten. Man wird deshalb auch die Abgrenzungslinien räumlicher Gebilde, Kupplungen zwischen Motoren und Dynamos und dergl. hier vergeblich suchen. Wer sich häufiger mit dem Studium von Schaltungszeichnungen beschäftigt, wird zugeben müssen, dass das Verständniss derselben durch nichts mehr erschwert wird, als durch überflüssige Linien. Ueberbrückungen von Drähten sind thunlichst vermieden; dagegen sind Punkte, welche direkt mit einander verbunden sind, zur Erleichterung der Uebersichtlichkeit mit gleichen Buchstaben bezeichnet.

Man erblickt also von dem abgewickelten Cylinder hier nur die Kontaktstücke, welche auf demselben angebracht sind, ferner eine Reihe wagrechter und senkrechter Linien. Letztere sind mit den Zahlen 1—6 bezeichnet und bedeuten die Stellungen, welche die festen Kontakte auf den beweglichen einnehmen. Die wagrechten Linien bezeichnen die Wege, welche die festen Kontakte bei der Drehung des Cylinders beschreiben. Der Richtungswechsler, dessen Aufgabe es ist, die Umkehrung der Stromrichtung im Anker zu bewirken, muss entweder nach links oder nach rechts eingeschaltet sein, so dass also die mittleren Kontakte jeweils entweder mit dem links- oder rechtsseitigen in Verbindung stehen. Nehmen wir das erstere vorläufig an. Ausser den Stellungen 1—6 ist noch eine, hier nicht angedeutete Stellung o vorhanden, bei welcher keinerlei Berührung zwischen den festen Kontakten a—i und den leitenden Theilen des Cylinders erfolgt. Der Stromkreis ist alsdann unterbrochen, und zwar im vorliegenden Fall doppelpolig, sowohl die Zuleitung a als auch die Rückleitung i stehen in keiner Verbindung mit dem Motor. In Stellung 1 bestehen die Verbindungen a b und h i. Die letztere bleibt während der ganzen Bewegung bis einschliesslich 6 erhalten und bedeutet weiter nichts als eine leitende Verbindung zwischen der negativen Bürste m des Motors mit dem negativen Pol. Wenn hier nicht augenscheinlich Werth

auf eine doppelpolige Ausschaltung des Motors gelegt wäre,
so könnten die festen Kontakte h und i, sowie das obere
gabelförmige Kontaktstück der Walze wegbleiben und wäre
dann nur Kontakt h des Richtungswechslers direkt mit dem
Wagengestell zu verbinden.   Durch die Verbindung a b wird
der Strom von der Rolle nach dem äussersten Pole b des
Widerstands geleitet.   Er durchfliesst der Reihe nach die
Widerstände W_1 bis W_5, da die Kontakte c, d, e, f, g in Stellung 1 noch offen sind.   Von g aus findet der Strom seinen
Weg nach dem gleichfalls mit g bezeichneten positiven Pol
der Magnetbewicklung M, durchläuft dieselbe und gelangt
von ihrem negativen Pole k nach dem Punkt k des Richtungswechslers.   Von diesem wird der Strom bei der angenommenen Stellung des Umschalters nach l geführt, dann zur
Bürste l, von welcher aus er den Anker A im Sinne l—m,
was wir im Auge behalten wollen, durchfliesst.   Von m aus
gelangt der Strom abermals unter Benutzung des Richtungswechslers nach h und dann nach i.

Die weitere Drehung der Walze verursacht — neben der
allzeit bestehenden Verbindung h i — wie ersichtlich, noch
die folgenden Verbindungen:

Stellung 2 Verbindung: c b a
     „   3   „   d c a
     „   4   „   e d a
     „   5   „   f e a
     „   6   „   g f a

Es wird also der Punkt a nach und nach mit den verschiedenen Kontakten der Widerstände in Berührung gebracht, so
dass diejenigen Widerstände, welche zwischen b und dem
durch den Geschwindigkeitsregler mit a verbundenen Kontakt
liegen, jeweils kurz geschlossen sind.   Während in Stellung 1
der Strom sämmtliche Widerstände W_1 bis W_5, die Magnetbewicklung und den Anker zu passiren hat, gehen die ersteren
nach und nach aus dem Stromkreis heraus und enthält derselbe in Stellung 6 nur noch Anker- und Magnetbewicklung.

Nehmen wir nun an, der Richtungswechsler sei nach der
anderen Seite, also nach rechts, umgelegt; dann wird der
Strom, der je nach Stellung des Geschwindigkeitsreglers, mehr

oder weniger Vorschaltewiderstand und dann die Magnetbewicklung M in der früheren Richtung g k passirt hat, von
k aus nicht mehr nach l, sondern nach m geführt. Er durchfliesst also den Anker in der Richtung m—l und gelangt von
l aus über h und i zu den Schienen. Der Strom ist also im
Anker umgekehrt, während er in der Magnetbewicklung seine
Richtung beibehalten hat. Dies führt bekanntlich zur Umkehrung der Drehrichtung. Enthält der Wagen zwei Motoren,
so hat man nur die Punkte l m und g k mit den entsprechenden des zweiten Motors zu verbinden. Alsdann pflegt man
aber einen Umschalter noch anzubringen, welcher die Ausser-
betriebsetzung eines etwa schadhaft gewordenen Motors
gestattet.

Wir wollen noch einmal kurz auf die Methode der Widerstandsregelung und ihre praktische Bedeutung eingehen.

Die Stromstärke, [und mit ihr der sekundliche Arbeitsaufwand, ist durch die verlangte Zugkraft festgelegt.

Die Zugkraft bestimmt ferner die natürliche Geschwindigkeit, welche bei ganz kurz geschlossenem Vorschaltewiderstand
erreicht wird.

Ein Ueberschreiten der einer gewissen Zugkraft entsprechenden natürlichen Geschwindigkeit ermöglicht die
Methode nicht, wohl aber eine Ermässigung derselben durch
Einschalten von Widerstand. Da die in Widerständen verbrauchte Arbeit dem Betrieb verloren geht, so eignet sich
die Widerstandsregelung im allgemeinen nicht zur Geschwindig-
keitsänderung im normalen Betrieb, dagegen ist die Methode
brauchbar, wenn annähernd gleiche Zugkraft und Geschwindigkeit im normalen Betrieb gefordert werden.

Wir haben ferner im Laufe der Betrachtung den Satz
gefunden: Eine Zugkraft, die ein Motor — natürlich ohne
übermässige Erhitzung — allein leisten kann, soll man nicht
auf zwei oder mehr parallel geschaltete Motoren vertheilen,
es sei denn, dass man eine Steigerung der Geschwindigkeit
bezweckt. Diesem Satz wollen wir noch eine kleine Betrachtung widmen.

Die Zugkraft ist für geringe Stromstärken dem Quadrat,
für grosse der ersten Potenz der Stromstärken annähernd
proportional. Da die Stromstärke auch den sekundlichen

Rasch, Regelung der Motoren etc.   5

Wattverbrauch W bestimmt, so kann man eine Beziehung
zwischen diesem und der Zugkraft Z durch die Gleichung:

$$W = b \cdot Z^a$$

darstellen, worin b eine Konstante und a eine Zahl bedeutet,
welche für kleine Werthe der Zugkraft $= \frac{1}{2}$, für grosse dagegen $= 1$ ist. Gegeben sei nun Z, die Zugkraft, welche
von einem Motor ohne übermässige Erwärmung geleistet werden kann; dann ist der Wattverbrauch:

$$W_1 = b \cdot Z^a.$$

Leisten n parallelgeschaltete Motoren zusammen die Zugkraft Z, so kommt auf jeden $\frac{Z}{n}$ Der Wattverbrauch aller
n-Motoren ist:

$$W_n = n \cdot b \cdot \left(\frac{Z}{n}\right)^a$$

und es verhält sich:

$$W_n : W_1 = n \cdot \left(\frac{Z}{n}\right)^a : Z^a = n^{1-a} : 1.$$

Der Arbeitsaufwand bei n Motoren schwankt also je nach den
gestellten Anforderungen zwischen dem $\sqrt{n}$-fachen und dem
einfachen Betrage des Arbeitsaufwands, den ein Motor unter
denselben Verhältnissen bedingen würde. Wenn man also
eine Zugkraft, die ein Motor leisten kann, auf 2, 3 oder 4
Motoren vertheilt, so erhöht man damit den Arbeitsaufwand
bis zu 141, 173 und 200 Procent. Wollte man sich also auf
den rein wirthschaftlichen Standpunkt stellen, so müsste man
die Vertheilung einer von einem Motor zu leistenden Arbeit
auf zwei oder mehr Motoren verwerfen, und zwar um so
mehr, je geringer die erforderliche Zugkraft ist. Auf der
andern Seite aber kann diese Vertheilung mit Bezug auf Geschwindigkeitsregelung sehr vortheilhaft sein, weil man in der
Lage ist, sich durch Veränderung der vom einzelnen Motor zu
leistenden Zugkraft der jeweiligen natürlichen Geschwindigkeit
besser anzupassen. So könnte man z. B. für Fernbahnen,

bei denen ja auch wenig Geschwindigkeitsänderungen im
normalen Betrieb eintreten, mit vier Motoren und einem Vorschaltewiderstand bequem auskommen. Man würde dann
etwa nach Fig. 12 schalten. Hier besitzt die Walze zwei
von einander isolirte Kontaktstücke. Das obere hat den
Zweck, von den vier Motoren, die in Schaltung 1 alle im
Betrieb sind, nach und nach drei auszuschalten; dies ist in
Stellung 7 erreicht; alsdann ist auch durch das untere Kontaktstück der ganze Widerstand kurz geschlossen worden,
die Periode des Anfahrens also vorüber. Um nun die Geschwindigkeit noch zu steigern, hat man in 8, 9 und 10 die

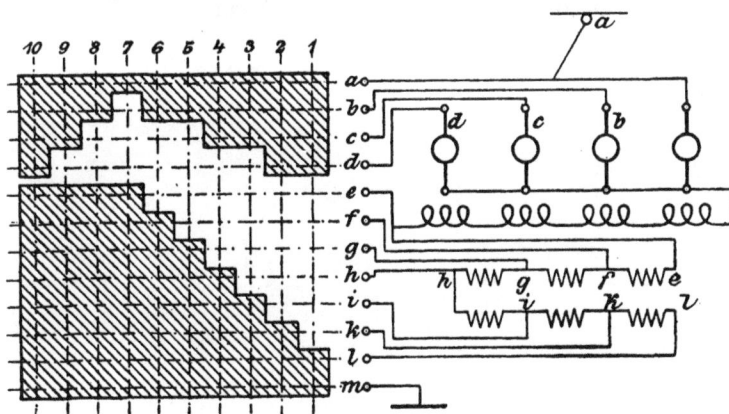

Fig. 12.

ausgeschalteten Motoren wieder in Betrieb zu nehmen. Bei
der Konstruktion eines solchen Umschalters muss darauf ge-
achtet werden, dass, sobald ein Motor ausgeschaltet wird,
auch eine Verminderung des Widerstands eintritt. Denn einmal ist mit dem Ausschalten eines Motors eine Steigerung
des Widerstands verbunden, was einen Rückgang der Geschwindigkeit zur Folge haben muss, dann aber wirkt die
relative Vergrösserung der von jedem der anderen Motoren
zu leistenden Zugkraft verlangsamend; beides muss durch
Ermässigung des Widerstands ausgeglichen werden. In Wirklichkeit würde man einige Stufen mehr anlegen und das Ausschalten eines Motors erst später eintreten lassen. Es empfiehlt

5*

sich, der Einfachheit halber nur die Anker auszuschalten, die Magnetbewicklungen aber im Stromkreis zu belassen. Die letzteren sind hier in Reihenschaltung dargestellt, könnten aber ebensogut in Parallelschaltung liegen, zu welchem Zweck sie natürlich anders bemessen sein müssten. Im Gegensatz zum Schuckert'schen Geschwindigkeitsregler ist hier nur einpolige Unterbrechung dargestellt. Dieselbe genügt, wenn sie, wie hier, zunächst der Rückleitung gelegen ist. Ein vollständiges Abschalten des Wagens zwecks Vornahme von Isolationsmessungen ist erwünscht, lässt sich aber leicht erzielen, da man durch Abziehen des Stromabnehmers die Verbindung mit der Hinleitung abstellen kann.

Fünftes Kapitel.

Serien-Parallelschaltung.

Die Geschwindigkeit bei halber Spannung — Anfahren — Die Methode
bei vier Motoren — Das System Walker — Arbeitsaufwand bei Parallel-
und Reihenschaltung — Wirthschaftliche Seite der Methode — Stadtverkehr — Stadt- und Landverkehr — Landverkehr — Regelung durch
Veränderung der elektromotorischen Kraft des Stromkreises.

————

Gegen die zweite Methode der Spannungsregelung, die
Serien-Parallelschaltungsmethode, bestehen von vorn herein
nicht die Bedenken wirthschaftlicher Natur, wie gegen die
vorher besprochene Methode. Hat man nur zwei Motoren
zur Verfügung, so kann man dieselben nur in zwei gegenseitige Schaltungen bringen, in die Serienschaltung, bei welcher dem einzelnen Motor die halbe, und in die Parallelschaltung, bei welcher ihm die volle Nutzspannung geboten wird.
Hieraus ergiebt sich bereits die Reihenfolge der Schaltungen.
Da die Geschwindigkeit mit wachsender Spannung wächst,
so muss zum Zwecke des Anfahrens Reihenschaltung eintreten, während zur späteren Steigerung der Geschwindigkeit
Parallelschaltung angestrebt werden muss. Gehen wir von
der Fig. 10 Seite 55 aus, so können wir die Kurve der Zugkraft und die obere Geschwindigkeitskurve direkt übertragen.
Die letztere entsprach dort der natürlichen Geschwindigkeit,
welche nach Kurzschliessen des gesammten Vorschaltewiderstands gewonnen wurde. Wenn wir uns also jetzt zwei
Motoren der gleichen Art arbeitend denken, so entspricht die

obere Kurve P_1—P_2 in Fig. 13 dem Fall der Parallelschaltung. Um die untere Kurve S_1—S_2 zu erhalten, müssen wir nur wieder beachten, dass für gleiche Stromstärken die Magnetfelder gleich stark sind und sich daher die Umlaufszahlen direkt wie die elektromotorischen Gegenkräfte verhalten. Beziehen sich also die Indices p und r auf die Parallel- und Reihenschaltung, so muss für gleiche Stromstärke J sein:

$$U_r : U_p = E_r : E_p.$$

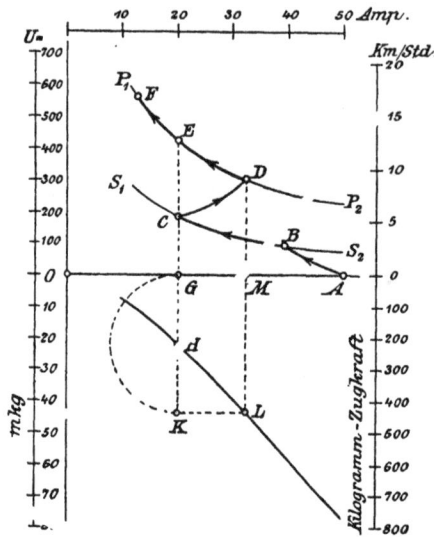

Fig. 13.

Nun ist aber für die Parallelschaltung:

$$E_p = V - w \cdot J$$

und für die Reihenschaltung:

$$2 \cdot E_r = V - 2 \cdot w \cdot J,$$

also:

$$E_r = E_p - \frac{V}{2}.$$

Wir haben also von den von früher bekannten übrigens einfach zu ermittelnden Werthen von E_p jeweils den Betrag von $\frac{V}{2} = 250$ Volt abzuziehen, dann können wir mit Hilfe

der aus Fig. 10 zu entnehmenden Werthe von U_p, der natürlichen Geschwindigkeit, die Werthe von U_r finden:

$$J = \quad 10 \quad 20 \quad 30 \quad 40 \quad 50 \text{ Amp.}$$
$$E_p = 473 \quad 445 \quad 418 \quad 390 \quad 363 \text{ Volt}$$
$$E_r = 223 \quad 195 \quad 168 \quad 140 \quad 113 \text{ Volt}$$
$$U_p = 626 \quad 404 \quad 310 \quad 261 \quad 229 \text{ Umdrehungen}$$
$$U_r = 295 \quad 177 \quad 125 \quad \ 94 \quad \ 71 \text{ Umdrehungen}$$

Die Werthe U_r bestimmen die der Reihenschaltung entsprechende Geschwindigkeitskurve S_1-S_2.

Wir erkennen zunächst, dass die letztere bei dem als
erforderlich angenommenen Anlassstrom keinen Nullwerth
liefert, sondern hier 71 Umdrehungen pro Minute, also eine
Geschwindigkeit von ca. 2,1 km/Stde. Wir müssen also, um
einen heftigen Ruck beim Anfahren zu vermeiden, uns des
Vorschaltewiderstands ebensogut wie bei der früher besprochenen Methode bedienen, nur kann derselbe geringer bemessen
werden als dort, und zwar, wie leicht erkennbar, um den
Betrag des Eigenwiderstands eines Motors.

Nehmen wir an, der Wagen besässe keine Regelungs-
einrichtungen ausser einem Anlasswiderstand und der Vor-
richtung zum Uebergang aus der Serien- in die Parallelschaltung. Dann wird die Geschwindigkeit sich zunächst gemäss der Linie A B (Fig. 13) bewegen, welche einem Theil
der unteren Kurve der Fig. 10 entspricht. Bei B ist die
Geschwindigkeitskurve $S_1 S_2$ der Serienschaltung erreicht, auf
welcher sich die Geschwindigkeit bei stets abnehmender Zugkraft weiter bewegt. Wie weit wir auf dieser Kurve gelangen, hängt vom Zeitpunkt des Umschaltens ab. Wir wollen
annehmen, es würde bei Erreichung einer Geschwindigkeit
von 5,6 km/Stde. (Punkt C) umgeschaltet. Es wird nun das
Bestreben vorhanden sein, in sehr kurzer Zeit die höhere
Geschwindigkeit G E von 12,9 km/Stde zu erreichen, also das
Bestreben zu einer sprungweisen Aenderung. Zwei Umstände
bedingen aber einen sanfteren Uebergang. Zunächst ist es
ja nicht möglich, ganz unvermittelt von der Serien- zur
Parallelschaltung überzugehen; es ist ein Zwischenstadium
nothwendig, in welchem ein Motor die Arbeit allein leisten
muss. Es wird also die Zugkraft G H (Fig. 13), welche bis-

her auf jeden Motor entfiel, für diesen alleinarbeitenden Motor
verdoppelt werden. Macht man $HK = GH$ und zieht durch
K eine Wagrechte, so bedeutet der Abstand dieser Wagrechten von der Abscissenaxe — d. i. die Strecke LM —
die Zugkraft, welche in diesem Zeitpunkt der alleinfahrende
Motor leisten muss. Die entsprechende Geschwindigkeit ist
MD (9,2 km/Stde.). Nachdem die Parallelschaltung vollzogen
ist, ist die auf einen Motor entfallende Zugkraft wieder
auf den ursprünglichen Werth ermässigt und der Punkt E
erreicht.

Das Anwachsen der Geschwindigkeit bedingt aber auch
ein vorübergehendes Steigen der Zugkraft; da ja die lebendige
Kraft gesteigert wird. Auch dieser Umstand wird dazu bei-
tragen, die sprungweisen Uebergänge abzurunden.

Das Anwachsen der Geschwindigkeit beim Anfahren wird
also etwa dem Linienzug ABCDE folgen. Dabei wird die
Zeitdauer, welche auf den Theil CDE entfällt, verhältnissmässig sehr kurz sein; in diesem Gebiet ist also die Beschleunigung gross, sofern nicht der Uebergang von der Serienschaltung (C) zum Einmotorenbetrieb (D) und von da zur
Parallelschaltung (E) langsam vorgenommen wird, was ja der
Wagenführer in der Hand hat.

Die Ermässigung der Geschwindigkeit im Vollbetriebe
durch Zurückgehen auf die Serienschaltung ist nicht mit den
gleichen Opfern an elektrischer Arbeit verbunden, wie bei
der Widerstandsregelung, sofern man sich mit der der Serienschaltung entsprechenden niederen Geschwindigkeit begnügt,
die allerdings in den meisten Fällen tiefer liegt, als erwünscht
ist. Als selbständige Methode wird die Serienparallelschaltung,
wenigstens bei nur zwei Motoren, nicht angewendet, sondern
stets in Verbindung mit Widerstandsregelung oder Einwirkung
auf die wirksame Windungszahl, weil die Stufen sonst zu
gross ausfallen würden.

Vortheilhafter gestaltet sich die Regelung, wenn vier
Motoren zur Verfügung stehen, wie dies bei einer auf der
Ausstellung in Chicago verkehrenden Hochbahn der Fall war.
Dort kamen vier Stufen zur Anwendung, welche in Fig. 14
(a. f. S.) a bis d schematisch dargestellt sind. Zuerst (a) waren
die 4 Motoren in Reihe geschaltet und standen unter 600 Volt,

auf den einzelnen Motor wirkten also 150 Volt. In einer
zweiten Stellung (b) waren 2 Motoren kurz geschlossen, es
entfielen also auf jeden der beiden anderen 300 Volt. Dann
folgte (c) eine Reihenschaltung von 2 Gruppen unter sich
paralleler Motoren, wobei die Motorspannung unverändert
blieb, die Geschwindigkeit aber doch steigen musste, weil
die von dem einzelnen Motor verlangte Zugkraft nur halb so
gross war als im Falle b. Zuletzt wurde die reine Parallelschaltung vollzogen, welche im Falle d erreicht war und
wobei jeder Motor der Netzspannung von 600 Volt ausgesetzt war.

Hier kann der Anlasswiderstand unter Umständen ganz
wegbleiben. Bezeichnet w den inneren Widerstand eines

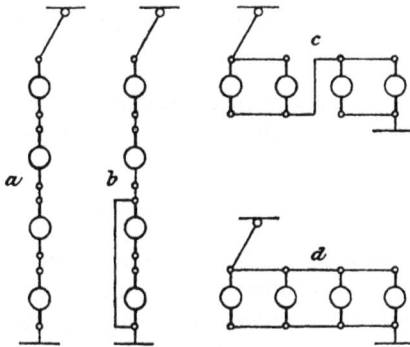

Fig. 14.

Motors, J_b den Betriebs- und J_a den Anlassstrom und V die
Netzspannung, von der im normalen Betrieb $p^0/_0$ im Motor
selbst verloren gehen, so ist:

$$J_b \cdot w = \frac{p}{100} \cdot V.$$

Beim Anlassen ist infolge der vierfachen Reihenschaltung
der gesammte innere Widerstand 4w und der Anlassstrom
somit:

$$J_a = \frac{V}{4\,w},$$

darnach ergiebt sich:

$$J_a : J_b = 100 : 4\,p = 25 : p.$$

Ist also z. B. im normalen Betrieb der Spannungsverlust im
Motor selbst $8\,^0/_0$ der Netzspannung, so kann der Anlassstrom
nur auf das Dreifache des normalen Betriebsstroms steigen
und ein Anlasswiderstand ist nicht erforderlich.

Einen Einblick in die Wirkungsweise kann uns die
folgende kurze Ueberlegung geben: Nehmen wir gleiche Zugkraft — also auch gleiche Stromstärke — an, so verhalten
sich die Fahrgeschwindigkeiten in den drei Schaltungen a, c
und d (b ist hier als Uebergangsschaltung aufgefasst) wie die
elektromotorischen Gegenkräfte, also wie:

$$\frac{V}{4} - V_0 : \frac{V}{2} - V_0 : V - V_0,$$

wenn unter V_0 der innere Spannungsverlust verstanden wird.
V_0 bewege sich nun zwischen den Grenzen 0 und 0,1 V,
dann sind die Verhältnisszahlen:

$$1 : 2 : 4 \text{ bis } 1 : 2,7 : 6,$$

die ersteren für schwache, die letzteren für starke Belastungen
gültig. Da es nun bei der Beurtheilung der Frage des Anfahrens nicht auf die relativen, sondern auf die absoluten Geschwindigkeitsänderungen ankommt, so erkennen wir, dass
der Schritt von c nach d zu gross ist. Es ist aber sehr einfach, hier eine ähnliche Zwischenstufe zu schaffen, wie die
Stufe b, indem man dafür sorgt, dass im gleichen Zeitpunkt,
in welchem die ganze Spannung auf den einzelnen Motor
geschaltet wird, zwei Motoren ausser Betrieb gesetzt werden,
dann wird die vom einzelnen Motor zu leistende Zugkraft
verdoppelt und das Anwachsen der Geschwindigkeit etwas
verzögert. Eine solche Schaltung mit nur zwei parallelen
Motoren sollte aber nicht nur Uebergangs-, sondern Betriebs-
schaltung sein.

Es besteht noch die Möglichkeit, drei Motoren in Reihe
und den vierten entweder zu einem der drei anderen parallel,
oder ganz auszuschalten. Diese Schaltung würde aber in

ihrer Wirkung zwischen a und b stehen und deshalb keinen grossen praktischen Werth haben.

Kehren wir zurück zur Serien-Parallelschaltung bei nur zwei Motoren und betrachten uns die praktischen Anwendungen derselben, so werden wir finden, dass sie nicht als Regelungsmethode für sich vorkommt, sondern nur in Verbindung mit anderen. Zum Beispiel wendet die Walker-Company,[1] deren System wir im Folgenden etwas eingehender betrachten wollen, noch Widerstandsregulirung an.

Um die Betrachtung zu vereinfachen, wollen wir zwei Einrichtungen davon ausschliessen, nämlich den Richtungs-

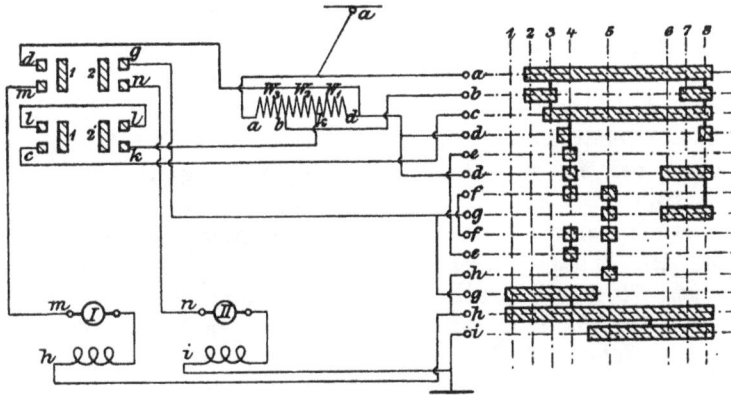

Fig. 15.

wechsler und den Hauptausschalter. Ersterer unterscheidet sich von dem uns bereits bekannten Schuckert'schen nur dadurch, dass die Umkehrung der Stromrichtung in den Magnetbewicklungen und nicht in den Ankern vorgenommen wird. Der Hauptausschalter bezweckt eine gleichzeitige Stromunterbrechung an 28 Stellen, so dass eine Vertheilung des Lichtbogens auf ebensoviel Stellen eintreten soll. Er wird von der Kurbel des Geschwindigkeitsreglers aus bethätigt, sobald diese beim Ausschalten die letzte Stellung 1 verlässt.

Die Darstellung der übrigen Schalteinrichtung findet sich in Fig. 15; wir erblicken rechts wieder den abgewickelten

---

[1] Vergl. El. World, Band XXVIII No. 7. Aug. 15. 96, S. 198.

Mantel der Walze und 14 feste Kontaktstücke, welche in der üblichen Weise mit Buchstaben bezeichnet sind. Mehrere davon sind direkt mit einander verbunden und deshalb auch mit gleichen Buchstaben versehen. Ausser den Motoren I und II sehen wir drei hintereinandergeschaltete Widerstände W_1, W_2, W_3 und zwei doppelpolige Ausschalter 1,1 und 2,2.

Letztere sind unter normalen Verhältnissen beide geschlossen. Es wird nur dann der eine oder andere geöffnet, wenn der zugehörige Motor aus irgend einem Grunde nicht betriebsfähig ist. Würde dieser Fall bei parallelgeschalteten Motoren eintreten, welche auf irgend eine Art geregelt werden, so würde ja ein einfaches Ausschalten des betreffenden Motors genügen. Bei der jetzt betrachteten Methode aber laufen ja die Motoren in Reihenschaltung an, und da darf weder ein einfaches Ausschalten noch ein Kurzschliessen des beschädigten Motors eintreten; denn bei ersterem wäre der Stromkreis offen, bei letzterem dagegen würde der übrigbleibende Motor zu früh einer zu hohen Spannung ausgesetzt sein. Die Serien-Parallelschaltung fordert also eine Einrichtung, welche, indem sie den unbrauchbaren Motor ausschaltet, an dessen Stelle einen Widerstand setzt, der erst dann kurz geschlossen wird, wenn die Umdrehungszahl des arbeitenden Motors eine gewisse Höhe erreicht hat. Betrachten wir z. B. den Ausschalter 1, so sehen wir, dass sein oberer Theil eine Verbindung des positiven Pols m des Motors I mit dem negativen Pol d des Widerstands W_3 herstellen oder lösen kann. Aehnliches bezweckt der obere Theil des Ausschalters 2 hinsichtlich des Motors II.

Jeder der beiden unteren Theile der Ausschalter 1 und 2 kann eine Verbindung lösen, welche, wenn beide geschlossen sind, zwischen dem Punkt k des Widerstands und dem Kontakt c besteht. Während also bei geschlossenen Ausschaltern der Strom zwischen a und k den praktisch widerstandslosen Weg a c l k findet (die Verbindung a c besteht, wie ersichtlich, in allen Schaltungen von 3 bis 8), muss er, wenn einer der beiden Ausschalter offen ist, die Widerstände W_1 und W_2 durchfliessen; die letzteren treten dann an die Stelle des ausfallenden Motors.

Fig. 16 stellt die Schaltungen 1, 5 und 6 dar. Hier sind an Stelle der zwei doppelpoligen Ausschalter 1 und 2 vier einpolige und zwar offen gezeichnet. Benannt sind dieselben mit 1°, 2°, 1^u, 2^u („eins oben u. s. w.). Wie ersichtlich, sind bei Schaltung 1 Widerstände und Motoren in Reihenschaltung; der Strom kann nur dann fliessen, wenn sowohl 1 als 2 geschlossen sind; ist ein Motor betriebsunfähig, so ist ein Anlaufen in dieser Schaltung noch nicht möglich.

In den Schaltungen 2, 3 und 4 ändert sich an der Reihenschaltung der Motoren noch nichts, nur werden die Widerstände nach und nach kurz geschlossen, sofern beide Motoren im Betrieb sind. Im anderen Falle kann auch hier noch nicht angefahren werden. Die Verbindung a c hat sich in

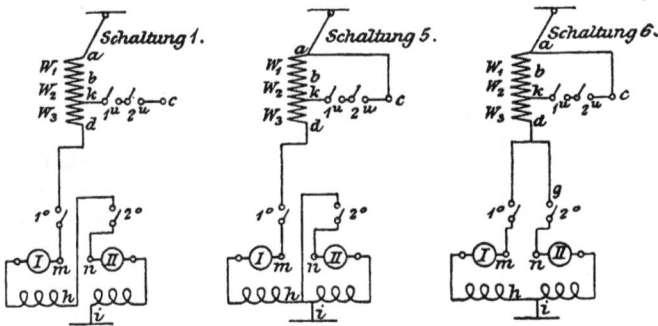

Fig. 16.

3 bereits gebildet und bleibt von da an bestehen; sie ist aber wirkungslos, sobald ein Ausschalter offen steht.

In 5 finden wir zur Vorbereitung der Parallelschaltung den Motor II kurz geschlossen. Dadurch wird derselbe zunächst als Stromerzeuger arbeiten, also seine Stromrichtung wechseln. Der sich umkehrende Strom bläst die Kraftlinien ab und der Motor II verhält sich von da an wie eine kurzgeschlossene Serienmaschine; er läuft also stromlos. Sind beide Motoren betriebsfähig, so ist nur Widerstand W_3 vorgeschaltet; fällt Motor II aus, so kann Motor I anlaufen, jedoch, wie alsdann auch erforderlich, mit allem Vorschaltewiderstand. Fällt dagegen I aus, so kann noch nicht angefahren werden, da ja noch aller Strom durch 1° fliessen muss.

Zwischen 5 und 6 arbeitet Motor I allein; die Kurz-
schliessung des Motors II ist aufgehoben; gegen 5 tritt also
in keiner Weise eine Aenderung ein.

In Schaltung 6 werden durch Herstellung der Verbindung g d die positiven Pole der beiden Motoren zusammen-
geschlossen. Die Verbindung der negativen Pole besteht
schon; hier ist also die Parallelschaltung vollzogen. Erst
jetzt ist somit der Motor II in der Lage, für sich anzulaufen,
wobei aber alle Widerstände vorgeschaltet sind. In 8 ist der
vorher noch vorhandene Vorschaltewiderstand entfernt und
zwar — infolge der Verbindung a d — auch dann, wenn
ein Motor ausgeschaltet ist. Nur im letzteren Falle bringt 7
eine Aenderung gegen 6, nämlich durch Kurzschliessen von W_1.

Wir haben also folgende Vorgänge:

Schaltung:	1	2	3	4	5	6	7	8
A. Beide Ausschalter ge-schlossen:	$W_1+W_2+W_3$	W_2+W_3	W_3	0	W_3	W_3	W_3	0
	< 2 Motoren in Reihe >				I allein	< 2 Motoren parallel >		
B. Ausschalter 1 allein geschlossen:					$W_1+W_2+W_3$	$W_1+W_2+W_3$	W_2+W_3	0
	< Stromkreis offen >				Motor I allein			
C. Ausschalter 2 allein geschlossen:						$W_1+W_2+W_3$	W_2+W_3	0
	< Stromkreis offen >				Motor II allein			

Wir wollen nun wieder die auf den früher betrachteten
Motor bezüglichen Werthe in Betracht ziehen. Es sei der
Widerstand $W_1 + W_2 + W_3$ so zu bemessen, dass im Augenblick des Einschaltens höchstens 60 Ampère durch den Motor
fliessen. Der Anlassstrom wird natürlich am stärksten, wenn
infolge einer Betriebsstörung an einem Motor der andere
allein anziehen muss. (Vergl. in diesem Fall Schaltung 6 S. 77.).
Es muss also beim Eigenwiderstand 2,75 Ohm sein:

$$W_1 + W_2 + W_3 + 2{,}75 = \frac{500}{60} = 8{,}33,$$

daher:

$$W_1 + W_2 + W_3 = 5{,}58.$$

Bei normalem Betrieb wird dann allerdings im ersten Augenblick ein Strom von nur:

$$\frac{500}{5,58 + 2 \times 2,75} = 45,1 \text{ Ampère}$$

entstehen; wir wollen jedoch annehmen, dass auch dieser genüge. Somit ist die Summe der drei Widerstände gegeben, während im übrigen nichts über die einzelnen Werthe festliegt. Ein Blick auf die vorstehende Tabelle zeigt uns aber. dass der Widerstand W_3 eine besondere Rolle spielt, da er in Schaltung 5 und den beiden in ihrer Wirkung identischen Schaltungen 6 und 7 auftritt. Denken wir uns die jeder Schaltung entsprechende Kurve der Umdrehungszahl als Funktion der Stromstärke in der Art wie in Fig. 13 aufgezeichnet, so können wir sagen, dass, wie auch W_3 gewählt werden möge, die Kurve 6 unter der Kurve 5 liegen muss; denn bei gleicher Stromstärke im einzelnen Motor ist der Verlust in W_3 bei Schaltung 6 doppelt so gross, die elektromotorische Gegenkraft also geringer. Trotzdem wird beim Uebergang von 5 auf 6 die Geschwindigkeit steigen, weil in letzterer Schaltung beide Motoren zusammen arbeiten und auf jeden somit nur die halbe Zugkraft entfällt.

Die P- und die S-Kurve der Fig. 13 entsprechen jetzt den Schaltungen 8 und 4. Nehmen wir ein Drehmoment von 21 mkg pro Motor, so geht aus Fig. 13 hervor, dass $J_4 = J_8 = 20$ Ampère sein muss. In Schaltung 5 muss unter gleichen Verhältnissen der eine Motor $2 \times 21 = 42$ mkg leisten und braucht dazu gemäss der unteren Kurve Fig. 13: 31,8 Ampère. In Schaltung 6 entfällt auf jeden Motor wieder ein Drehmoment von 21 mkg und eine Stromstärke von 20 Ampère. Wir entnehmen die Umdrehungszahlen U_4 und U_8 gleich 275 bezw. 405 Umdrehungen pro Minute aus den Kurven und wollen uns nun die Aufgabe stellen, den Widerstand W_3 so zu bestimmen, dass unter den angenommenen Verhältnissen beim Uebergang von 4 auf 5, 6/7 und 8 eine möglichst gleichmässige Steigerung der Geschwindigkeit eintritt, d. h. dass U_5 etwa 318 und U_6 etwa 361 wird. Durch Einsetzung der früher gegebenen Konstanten in die Gleichungen (1) und (4) findet sich:

$$U = 3,18 \cdot 10^6 \cdot \frac{E}{N} \text{ und } D = 0,306 \, J \cdot N \cdot 10^{-6},$$

also:

$$U = 0,974 \cdot \frac{E}{D} \cdot J.$$

Nun ist aber:

$$E_5 = 500 - (W_8 + 2,75) \cdot J_5 = 413 - 31,8 \, W_8 \text{ und:}$$
$$E_6 = 500 - 2 \cdot W_8 \cdot J_6 - 2,75 \, J_6 = 445 - 40,0 \, W_8.$$

Natürlich können die beiden Bedingungen $U_5 = 318$ und $U_6 = 361$ mit einem Werth W_8 nicht streng erfüllt werden, dagegen ist es leicht, W_8 so zu bestimmen, dass die Abweichungen von den erwünschten Geschwindigkeiten thunlichst gering werden. Es tritt dies ein bei $W_8 = 0,64$ Ohm. Alsdann wird $U_5 = 290$ und $U_6 = 380$ Umdrehungen pro Minute.

Es bleiben noch W_1 und W_2 zu bestimmen. Diese Widerstände sind jedoch nur zum Anfahren erforderlich und können daher nach den im vierten Kapitel gegebenen Gesichtspunkten ermittelt werden.

Die Walker-Methode ist auch insofern bemerkenswerth, als überall darauf Bedacht genommen ist, bei Unterbrechung eines Stromkreises den Lichtbogen möglichst zu theilen. So z. B. haben die kleinen Kontaktstücke, welche in Schaltung 5 berührt werden, lediglich den Zweck, bei Aufhebung des Kurzschlusses über den Widerstand W_6, welche beim Rückwärtsschalten zwischen 5 und 4 eintritt, den Stromkreis an zwei Stellen zugleich zu unterbrechen.

Es ist zwar selbstverständlich, dass der Arbeitsverbrauch pro Wagenkilometer bei Parallelschaltung geringer ist, als bei Serienschaltung, weil im ersteren Fall den Motoren ihre normale Spannung geliefert wird, im letzteren eine unternormale; indessen ist der Unterschied nicht so sehr gross.

Die Zeit, welche zum Durchfahren eines Kilometers erforderlich ist, ist offenbar $\frac{1}{c}$, in Stunden ausgedrückt. Somit ist der Wattstundenverbrauch für 1 Kilometer: $\dfrac{V \cdot J}{c}$, welcher

Ausdruck dem Werth $\dfrac{J}{U}$ proportional ist.

Nehmen wir z. B. ein Drehungsmoment von 20 mkg pro Motor, so ergiebt dies nach Kurve Fig. 13 jeweils 19 Ampère. Hiermit werden bei Serienschaltung beide Motoren betrieben, während bei Parallelschaltung jeder Motor diese Stromstärke erfordert. Die Umlaufszahlen sind bezw. 180 und 415. Es würde also der Wattverbrauch pro Wagenkilometer proportional sein:

$$\frac{19}{180} = 0{,}106 \quad \text{bezw.} \quad \frac{2 \times 19}{415} = 0{,}091,$$

die Parallelschaltung würde also hier 14% weniger Arbeit erfordern. Die Betrachtung hat hier nur den Werth, zu zeigen, dass das Arbeiten mit der Serienschaltung nicht so unwirthschaftlich ist, als man annehmen sollte. In Wirklichkeit sind Zugkraft und Fahrgeschwindigkeit als gegebene Grössen zu betrachten und ist diejenige Schaltung vorzuziehen, welche sich im einzelnen Fall den Verhältnissen am besten anpasst. Bei einem Vergleich zwischen Serienparallelschaltungs- und Widerstandsmethode kann man der ersteren den Vorzug nicht absprechen, dass sie es bei geringen Geschwindigkeiten vermöge der Serienschaltung ermöglicht, einen Theil der Arbeit, die bei der Widerstandsmethode verschwendet wird, noch nutzbar zu verwenden.

Werfen wir einen Blick auf unsere Kurven Fig. 13. Die P-Kurve ist beiden Methoden eigen; die S-Kurve nur der Serien-Parallelschaltung. Liegt also die geforderte Geschwindigkeit für ein gegebenes Drehungsmoment auf der P-Kurve, oder zwischen der P- und S-Kurve, so sind beide Methoden gleichwerthig. Liegt dagegen die geforderte Geschwindigkeit auf oder unter der S-Kurve, so ist die Serien-Parallelschaltung wirthschaftlich im Uebergewicht.

Wie weit aber dieses Uebergewicht praktisch in Frage kommt, hängt ganz von den jeweiligen Verhältnissen ab, und kann daher nur von Fall zu Fall untersucht werden. Wir wollen einen solchen Fall behandeln.

Eine Bahnstrecke möge in 5 Abtheilungen von verschiedener Länge und verschiedenen Betriebsverhältnissen zerfallen. Zu einem guten Ueberblick gelangt man, wenn man die Betriebsverhältnisse auf den verschiedenen Theilstrecken etwa in folgender Weise tabellarisch ordnet:

1.	2.	3.	4.	5.	6.	7.
Theil-strecke	Länge der Theilstrecke	Stei-gung in	Brutto-Gewicht des Zuges.	Erwünschte Geschwindig-keit.	Zug-koefficient	Zugkraft
No.	km	$^o/_{oo}$	Tonnen	km/Stden.	kg pro Tonne.	kg
1	2,4	0	12,5	9	12	150
2	1,5	0	12,5	12	12	150
3	1,9	20	12,5	15	32	400
4	1,2	10	12,5	16	22	280
5	0,8	0	12,5	18	12	150

Die in die Kolonnen 1 bis 5 einzutragenden Werthe sind stets gegeben. In Kolonne 6 wird der muthmassliche Zugkoefficient ermittelt, der mit dem Bruttogewicht (Kol. 4) multiplicirt die Zugkraft (Kol. 7) liefert. Der Zugkoefficient ist hier für die Ebene zu 12 angenommen. Der Einfluss der Kurven ist vernachlässigt. Dieselben bedingen eine vorübergehende Steigerung der Zugkraft, welche einen entsprechenden Rückgang der Geschwindigkeit zur Folge haben muss.

Um nun unsere P- und S-Kurven benützen zu können, geben wir denselben am einfachsten noch zwei Massstäbe bei, und zwar einen für die Fahrgeschwindigkeit, den wir aus der Beziehung:

$$c = \frac{2 \pi R U 60}{1000 \cdot \nu}$$

finden und einen zweiten für die Zugkraft, aus der Beziehung:

$$Z = \frac{\eta' \nu D}{R}.$$

Für die angenommenen Verhältnisse ergiebt sich, dass 700 Umdrehungen 21 km pro Stunde entsprechen, ferner entfällt mit
hinreichender Genauigkeit ein Drehungsmoment von 1 mkg
auf je 10 kg Zugkraft.

Die Massstäbe gestatten uns nun, in die Diagramme
Fig. 13 einzugehen. Ein Werthpaar der Kolonne 5 und 7
unserer Tabelle wird uns im Diagramm stets zwei Punkte
liefern und zwar einen für den Fall, dass die ganze Zugkraft
von einem Motor geleistet wird, den anderen, falls sie auf
beide Motoren vertheilt ist. Diese Punkte sind mit den Bezeichnungen I und II in das Diagramm (Fig. 17) eingezeichnet,

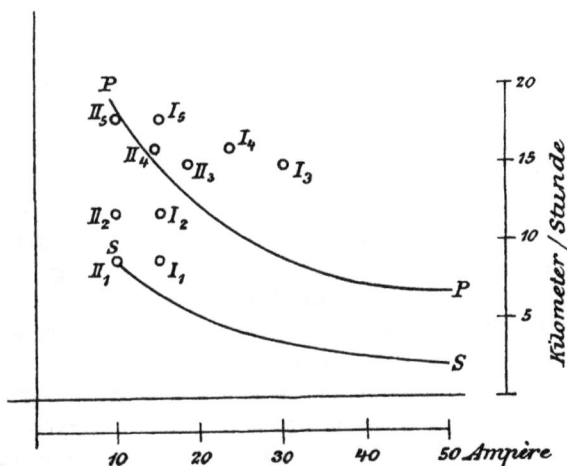

Fig. 17.

dessen Kurven aus der Fig. 13 ohne Aenderung des Mass-
stabes entnommen sind. Ein Index mit arabischer Ziffer weist
auf die Nummer der Theilstrecke unserer Tabelle hin.

Nehmen wir nun an, dass die in Kolonne 5 jener Tabelle
gegebenen erwünschten Geschwindigkeiten gleichzeitig als die
durch polizeiliche Vorschriften geregelten oberen Grenzen der
Geschwindigkeiten auf den betreffenden Strecken anzusehen
seien, so können wir nur nach unten von denselben abgehen.
Bezüglich der oberhalb der P-Kurve liegenden Punkte ist
überhaupt nur ein Abgehen nach unten möglich. Für diese
ergiebt sich auch die Nothwendigkeit, mit zwei Motoren zu

6*

fahren, weil man mit einem Motor den erwünschten Geschwindigkeiten noch weniger nahe kommen könnte. Die entsprechenden
erreichbaren Geschwindigkeiten ergeben sich aus den Ordinaten derjenigen Punkte der P-Kurve, welche mit den eingezeichneten Punkten gleiche Abscissen haben.

Es ist bereits früher darauf hingewisen worden, dass
die reine Serienparallelschaltung bei nur zwei Motoren für
den praktischen Gebrauch zu wenig Stufen schafft. Wir müssen
also annehmen, dass irgend eine Hilfsmethode, z. B. Widerstandsregelung, nebenher möglich ist, mit anderen Worten,
dass noch eine mehr oder weniger grosse Schaar von Kurven
zwischen der P- und S-Kurve liege. Eine davon möge entweder genau durch den Punkt I_2 gehen, oder doch nicht
wesentlich unter demselben vorbeilaufen. Dann erweist es
sich als vortheilhaft, auf der Theilstrecke 2 mit einem Motor
zu fahren, da alsdann nur 1×16 gegen 2×10 Ampère bei
gleicher Geschwindigkeit verbraucht werden. Für die Strecke
1 endlich liegt der Punkt II_1 so nahe in der S-Kurve, dass
hier vortheilhaft mit Serienschaltung gearbeitet werden kann.

Die nachfolgende Tabelle, welche als Fortsetzung der ersten
gedacht, und deshalb mit fortlaufenden Kolonnennummern versehen ist, enthält in Kolonne 8—11 die aus den Kurven entnom-
menen Angaben über erreichbare Geschwindigkeit, Schaltung,
Zahl der jeweils arbeitenden Motoren und Stromverbrauch.
Dann folgt die aus Streckenlänge und Geschwindigkeit berech-
nete Fahrzeit einer Theilstrecke, endlich die Zahl der Ampèrestunden pro Theilstrecke, deren Summe den Wert 13,84 liefert.

1. Theil- strecke. No.	8. Erreichbare Geschwin- digkeit. km/Stde.	9. Schaltung	10. Zahl der arbeiten- den Motoren.	11. Strom- verbrauch. Ampère.	12. Fahrzeit. Stunden.	13. Ampère- Stunden.
1	9	S	2	1×10	0,267	2,67
2	12	P	1	1×16	0,125	2,00
3	12,5	P	2	2×19	0,152	5,77
4	14,3	P	2	2×15	0,084	2,52
5	18,2	P	2	2×10	0,044	0,88

Es ergiebt sich also bei 500 Volt ein Arbeitsverbrauch von

$$13{,}84 \cdot \frac{500}{1000} = 6{,}92 \text{ Kilowattstunden,}$$

d. i. 890 Wattstunden pro Wagenkilometer bei einer mittleren Fahrgeschwindigkeit von 11,6 km pro Stunde.

Wir haben oben bereits gesehen, dass ein Uebergewicht der Serienparallelschaltung gegenüber der Widerstandsregelung nur da zu suchen ist, wo die Serienschaltung angewandt werden kann, d. i. hier auf Theilstrecke 1. Besteht bei Widerstandsregelung die Möglichkeit, mit einem Motor zu fahren, so würden auf Theilstrecke 1 hier 16 statt 2×10 Ampère die erforderliche Zugkraft liefern, während die natürliche Fahrgeschwindigkeit alsdann durch Vorschaltewiderstand ermässigt werden müsste. Der Mehrverbrauch würde $6 \times 0{,}267$ $= 1{,}6$ Ampèrestunden oder $11^{1}/_{2}^{0}/_{0}$ betragen. Falls aber die Anordnung des Reglers, wie das häufig der Fall ist, das Fahren mit einem Motor nicht gestattet, so erhöht sich der Verbrauch auf Strecke 1 und 2 um weitere 1,57 Ampèrestunden, so dass also gegenüber der Serien-Parallelschaltungsmethode ein im ganzen um $23^{0}/_{0}$ höherer Arbeitsverbrauch zu gewärtigen ist.

Im obigen Beispiel sind natürlich kleinere Abweichungen von den angenommenen Verhältnissen unberücksichtigt geblieben, was aber am Ergebniss wenig ausmacht. Wenn z. B. auf Strecke 5 ein Theil von L_1 km Länge infolge von Steigungen oder Kurven statt 150 kg 400 kg Zugkraft erfordert, also 200 kg pro Motor, so wird diese Strecke natürlich nur mit einer Geschwindigkeit von 13,1 km/Stde. durchfahren werden können, während für die übrigen $L - L_1$ km eine Fahrgeschwindigkeit von 18 km/Stde. ermöglicht ist. Die ganze Fahrzeit wird dann:

$$T = \frac{L - L_1}{18} + \frac{L_1}{13{,}1} = \frac{L + 0{,}374\,L_1}{18}$$

die mittlere Geschwindigkeit c_m ist aber:

$$c_m = \frac{L}{T} = \frac{L\,18}{L + 0{,}374\,L_1} = \frac{18}{1 + 0{,}374\,\dfrac{L_1}{L}}$$

Wenn nun L_1 selbst 15% von L ist, so wird die mittlere Geschwindigkeit von 18 auf 17 km/Stde. zurückgehen, also das Ergebniss der Rechnung nur unbedeutend beeinflusst werden.

Ein derartiges, willkürlich herausgegriffenes, Beispiel kann und soll nicht die Frage, welches ist das beste von beiden Systemen, endgültig entscheiden. Der Verfasser steht hier, wie in anderen Fragen der Elektrotechnik, auf dem Standpunkt, dass es ein System, welches unter allen Umständen als das beste hingestellt werden kann, nicht giebt. In einzelnen Fällen passt sich das eine System den gegebenen Verhältnissen besser an als das andere, in anderen Fällen tritt das Umgekehrte ein.

Wir können aber an dem betrachteten Beispiel die allgemeinen Unterschiede zwischen den beiden in Frage stehenden Systemen sehr wohl erkennen. Die Serien-Parallelschaltung ermöglicht auf wirthschaftlichere Weise ein Fahren mit sehr ermässigter Geschwindigkeit. Wo also grosse Unterschiede zwischen den zulässigen Fahrgeschwindigkeiten bestehen und dabei die mit ermässigter Geschwindigkeit zu durchfahrenden Strecken verhältnissmässig lang sind, wird im allgemeinen diese Methode den Vorzug verdienen. Wo dagegen gleichmässige Betriebsverhältnisse bestehen, also z. B. durchgängig, oder doch vorherrschend Stadtverkehr, da verdient die Widerstandsregelung wegen ihres wesentlich einfacheren Regelungsverfahrens den Vorzug.

Der Vergleich dieser beiden Methoden untereinander, sowie mit den noch zu besprechenden, macht eine gewisse Eintheilung der verschiedenen Betriebsverhältnisse wünschenswerth. Wir wollen drei Hauptgruppen bilden:

1. Stadtverkehr. Hierunter wollen wir eine Betriebsart verstehen, bei welcher nur geringe Geschwindigkeitsänderungen eintreten, wie z. B. bei reinen Strassenbahnen.

2. Stadt- und Landverkehr. Hierbei treten grosse Aenderungen der Geschwindigkeit ein, und zwar sind die Strecken, welche mit sehr ermässigter Geschwindigkeit durchfahren werden müssen, verhältnissmässig gross. Derartige Verhältnisse liegen bei einer Bahn vor, welche Stadt, Vor-

stadt und das freie Land durchläuft. Hierhin gehört das oben betrachtete Beispiel.

3. Landverkehr. Hierbei treten gleichfalls grosse Geschwindigkeitsänderungen ein, im wesentlichen aber nur zwischen einer hohen und einer niederen Geschwindigkeit; dabei sind die Strecken, welche mit letzterer zurückzulegen sind, verhältnissmässig kurz, aber doch nicht ganz zu vernachlässigen.

Wie ersichtlich, ist bei dieser Eintheilung nicht auf die Höhe der normalen Fahrgeschwindigkeit, wohl aber auf die Veränderungen Rücksicht genommen, denen dieselbe unterworfen sein kann; denn nur die letzteren können für die Wahl der einen oder anderen Regelungsmethode in Betracht kommen.

Hiernach werden wir die Widerstandsregelung nur für den Stadtverkehr geeignet finden.

Die Serien-Parallelschaltung eignet sich in Verbindung mit einer der später zu beschreibenden Methoden für alle drei Arten, jedoch kann ihr Hauptvorzug, bei ganz geringen Geschwindigkeiten ein ökonomisches Arbeiten zu ermöglichen, im reinen Stadtverkehr nicht ausgenutzt werden.

In Verbindung mit Widerstandsregelung (wie beim beschriebenen Walker-System) kann die Serien-Parallelschaltung sehr wohl für die dritte Gruppe in Betracht kommen. Als reine Regelungsmethode kann sie bei zwei Motoren, wegen der grossen Abstufungen, überhaupt nicht, oder nur ganz vereinzelt, Anwendung finden; wohl aber ist sie bei vier Motoren den Anforderungen der letzten Gruppe vollkommen gewachsen.

Es sei nur kurz auf die im 3. Kapitel erwähnte Methode der Regelung durch Veränderung der elektromotorischen Kraft des Stromkreises hingewiesen. Derselben ist kein besonderes Kapitel gewidmet, und zwar einmal wegen der immer geringeren praktischen Bedeutung des reinen Akkumulatorenbetriebs, bei welchem die Methode allein anwendbar ist, dann aber auch, weil dieselbe in ihrer Wirkung der Serien-Parallelschaltung ausserordentlich ähnlich ist.

Sechstes Kapitel

Methode der Nebenschliessung.

Die wirksame Windungszahl — Bestimmung des Widerstands der Neben-
schliessung — Beispiel — Der Arbeitsverbrauch pro Wagenkilometer —
Schaltung der Motoren der Hamburg-Altonaer Zentralbahn —
Anwendungsgebiet.

Die im gegenwärtigen und folgenden Kapitel zu beschreibenden Methoden haben das Eine gemeinsam, dass bei
beiden das magnetische Feld durch Veränderung der Ampèrewindungszahl geregelt wird. Verschieden sind
sie nur in der Art, wie sie dieses Ziel erreichen.

Die Ampèrewindungszahl ist das Produkt
aus der Windungszahl der Feldmagnete und
der Stärke des erregenden Stromes. Die letztere
würde also als neue Variabele in unsere Betrachtungen mit aufzunehmen sein. Um dies
zu vermeiden, wollen wir von der Vorstellung
ausgehen, dass die Magnetspulen stets vom
vollen Ankerstrom durchflossen würden,
dass aber nur ein Theil der vorhandenen Windungen thätig wäre. Wir würden also den Be-
griff der wirksamen Windungszahl ein-
führen und unter derselben eine Zahl von Windungen verstehen, die, mit dem Ankerstrom
multiplicirt, die thatsächlichen Ampèrewindungen des Magnetfeldes liefert.

Es sei also (Fig. 18) die Erregerspule s mit der wirklichen Windungszahl S von einem Strom J_s durchflossen,

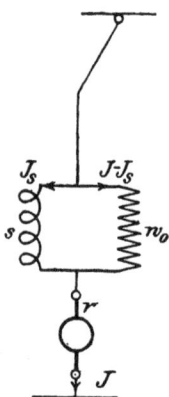

Fig. 18.

der einen Theil des Ankerstroms J bildet. Die Ampèrewindungszahl ist somit: J_s S. Die wirksame Windungszahl S' muss, mit dem Ankerstrom J multiplicirt, die thatsächlichen Ampèrewindungen ergeben. Es ist also

$$S' . J = S . J_s, \text{ oder:}$$

$$S' = S \cdot \frac{J_s}{J}.$$

Bezeichnet nun s den Widerstand der Spule und w_0 den
parallel zu schaltenden Regelungswiderstand, so ist:

$$J_s . s = (J - J_s) . w_0, \text{ also:}$$

$$w_0 = \frac{J_s . s}{J - J_s} = \frac{S' \, s}{S - S'}.$$

Aus der Parallelschaltung resultirt der Widerstand:

$$\frac{w_0 . s}{w_0 + s} = s \cdot \frac{S'}{S}.$$

Bei einem Ankerwiderstand r besitzt der Motor den Gesammtwiderstand:

$$w = r + \frac{w_0 \, s}{w_0 + s} = r + s \cdot \frac{S'}{S}.$$

Hiernach ist also die wirksame Wirkungszahl im allgemeinen kleiner als die wirkliche und höchstens gleich derselben.

Der Gesammtwiderstand des Motors wird bei dieser
Regelungsmethode mitverändert, aber diese Widerstands-
änderung ist nicht das Wesentliche. Nehmen wir die Zahlen
des besprochenen Oerlikon-Motors: $r = 1,1$ und $s = 1,65$ an,
so ist für:

$$\frac{S'}{S} = 1 \quad : w = 2,75$$

für:

$$\frac{S'}{S} = 0,3 : w = 1,60.$$

Nehmen wir in beiden Fällen 25 Ampère Strom an, so verhalten sich die elektromotorischen Gegenkräfte wie:

$$\frac{500 - 25 \cdot 2{,}75}{500 - 25 \cdot 1{,}60} = \frac{0{,}94}{1}.$$

Die Umlaufszahlen aber, wie wir sehen werden, ungefähr wie $1:2$. Die Wirkung liegt also nicht in der Veränderung des Widerstandes, sondern in der Beeinflussung des magnetischen Feldes, und die Methode kann somit berechtigterweise nicht als Widerstandsmethode bezeichnet werden.

Nach der Definition der natürlichen Geschwindigkeit, ist diese die niedrigste, die bei der Methode erreicht werden kann, denn wir können, wenn wir von der natürlichen Geschwindigkeit abgehen, das magnetische Feld nur schwächen, nicht stärken. Wir müssen also, um den Boden für einen Vergleich mit den bereits besprochenen Methoden zu finden, die Voraussetzung machen, dass das Uebersetzungsverhältniss grösser sei als bei jenen.

Zeichnen wir zunächst die Kurve P P der Fig. 13 in der bereits früher angedeuteten Weise um, dass die Drehungsmomente Abscissen und die Geschwindigkeiten Ordinaten werden. Die Stromstärken werden durch an den entsprechenden Punkten eingeschriebene Zahlen gekennzeichnet. Wir wollen dann noch auf Grund der oben auf S. 57 angenommenen Werthe für Uebersetzungsverhältniss und Laufradhalbmesser die Geschwindigkeiten in km/Stde. und die Zugkräfte am Radumfang in kg ermitteln. Hierbei wollen wir den Wirkungsgrad η' konstant und zu 0,8 annehmen, was natürlich der Wirklichkeit nicht ganz entspricht, für das Ergebniss unserer Vergleiche aber ohne grosse Bedeutung ist. Wir erhalten dann die in Fig. 19 (a. f. S.) mit PP bezeichnete Kurve, welche der Kürze halber auch fernerhin P-Kurve heissen möge, es ist die Kurve der natürlichen Geschwindigkeit für das Uebersetzungsverhältniss $1:4{,}75$.

Es handelt sich nun darum, durch Abänderung des letzteren eine Kurve zu erhalten, welche unter der P-Kurve liegt, damit die Veränderung der wirksamen Windungszahl, die nur Steigerung der Geschwindigkeit zur Folge haben kann, uns wieder in dasselbe Arbeitsfeld führt, wie früher.

Betrachten wir nun die früher aufgestellten Formeln für die Geschwindigkeit:

$$c = 0{,}377 \, \frac{R\,U}{\nu}$$

und für die Zugkraft:

$$Z = \eta' \, \frac{D\,\nu}{R},$$

so finden wir, dass sich bei Aenderung des Uebersetzungsverhältnisses $1 : \nu$ die Geschwindigkeit im umgekehrten, die Zugkraft im direkten Verhältniss, wie jenes ändert.

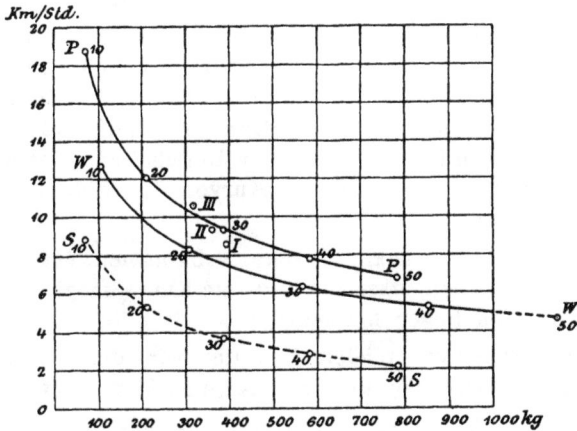

Fig. 19.

Versuchsweise wollen wir das neue Uebersetzungsverhältniss $1 : 7$ wählen. Wir haben also die Ordinaten der P-Kurve im Verhältniss $4{,}75 : 7$ zu verkleinern, die Abscissen dagegen im Verhältniss $7 : 4{,}75$ zu vergrössern. Das Ergebniss ist die mit W—W bezeichnete Kurve, sie ist die Kurve der natürlichen Geschwindigkeit für das neue Uebersetzungsverhältniss. Weiterhin ist in der Figur die Kurve S S gestrichelt angegeben; d. i. die Kurve der Serienschaltung (Fig. 13) mit den neuen Abscissen und entsprechenden Massstäben, aber mit dem alten Uebersetzungsverhältniss. Wie ersichtlich, liegt die W-Kurve bei der getroffenen Wahl des Uebersetzungsverhältnisses bedeutend über der S-Kurve. Das ist aber

kein Fehler, sondern ein Vortheil, denn die mit der Serienschaltung erzielten Geschwindigkeiten liegen im allgemeinen
zu tief. Wir haben bei der Behandlung des Beispiels im
vorigen Kapitel gesehen, dass wir die Serienschaltung nur
auf einer der fünf Strecken gebrauchen konnten, weil die
zu erzielenden Geschwindigkeiten für die übrigen nicht
ausreichten. Ausserdem können wir den Anlasswiderstand
doch nicht entbehren. Die w-Kurve braucht also nicht zu
tief zu liegen, wenn sie nur so tief ist, dass der Anlasswiderstand bei der kleinsten, im normalen Betrieb vorkommenden Geschwindigkeit' entbehrlich ist. Wir wollen also die getroffene Wahl beibehalten und haben uns noch zu überlegen,
wieweit wir mit der wirksamen Windungszahl herunter zu
gehen haben. Für die W-Kurve ist die wirksame gleich der
vollen Windungszahl; wenn wir nun die wirksame Windungszahl ermässigen, sei es durch Parallelschaltung von Widerstand oder durch Untertheilung und Umschaltung der Spulen,
so erhalten wir eine weitere Kurve, die sich über die
W-Kurve lagert.

Wir werden unserem Zwecke vollkommen entsprechen,
wenn wir anstreben, dass diese zweite Kurve möglichst nahe
der P-Kurve zu liegen kommt.

Um letzteres zu erzielen, beachten wir, dass bei gleich-
bleibender Stromstärke und Ermässigung der Windungszahl
im Verhältniss $\dfrac{S_1}{S}$ Zugkraft und Geschwindigkeit sich in einfachen Verhältnissen verschieben. Es wird:

$$\frac{Z_2}{Z_1} = \frac{N_2}{N_1} \text{ und} \cdot$$

$$\frac{c_2}{c_1} = \frac{E_2}{E_1} \frac{N_1}{N_2}.$$

Hierbei ist:

$$\frac{E_2}{E_1} = \frac{V - J\left(r + s\dfrac{S'}{S}\right)}{V - J\left(r + s\right)}$$

wofür wir bei: $J = 25$ Ampère und den im übrigen bekannten Werthen von V, r und s schreiben können

$$\frac{E_2}{E_1} = 1{,}095 - 0{,}095 \, \frac{S'}{S}.$$

Die Ampère-Windungszahl ist $25 \times 640 \, \frac{S'}{S} = 16\,000 \cdot \frac{S'}{S}$,

woraus mit Hilfe der Charakteristik die Werthe von N zu finden sind.

Wir entnehmen der Charakteristik: $N_1 = 4{,}0 \cdot 10^6$, ferner der W-Kurve für 25 Ampère:

$Z_1 = 470$ kg und $c_1 = 7{,}0$ km pro Stunde.

Wir wollen nun folgende 3 Werthe ausprobiren:

	I	II	III
$\frac{S'}{S} = 0{,}7$		0,6	0,5
Ampèrewindungen = 11200		9600	8000
daher $N_2 = 3{,}33 \cdot 10^6$		$3{,}06 \cdot 10^6$	$2{,}74 \cdot 10^6$
somit $c_2 = 8{,}6$		9,4	10,6
und $Z_2 = 395$		363	325.

Die entsprechenden Punkte sind mit den Bezeichnungen I, II und III in das Diagramm eingetragen, und wir erkennen zugleich, dass ein befriedigender Werth von $\frac{S'}{S}$ zwischen 0,5 und 0,6 liegen dürfte. Wählen wir den ersteren, um den Arbeitsbereich etwas grösser zu gestalten.

Das Ergebniss ist die mit $W' - W'$ bezeichnete Kurve, welche mit der W-Kurve in eine neue Figur (20) (a. f. S.) einzutragen ist. Sie liegt etwas oberhalb der P-Kurve; wir hätten auch genaue Deckung beider Kurven (etwa mit dem Werth $\frac{S'}{S} = 0{,}56$) erhalten können; indessen kommt es darauf hier nicht an.

Wir haben nun noch zwei Fragen zu entscheiden, nämlich, wie ist der Anlasswiderstand zu bemessen, und wie unter-

theilen wir den der Magnetbewicklung parallel zu schaltenden
Regelungswiderstand? Bezüglich beider Fragen wollen wir
die Aufgabe ähnlich behandeln wie im 4. Kapitel. Wir haben
dort zwei Punkte A und B festgelegt; ersterer entsprach dem
Zustand des Anfahrens, Letzterer dem des Vollbetriebs. Wir
wollen den Punkt B auf der W'-Kurve bei 18 km/Stde. annehmen. Es findet sich Z = 95 kg und die Stromstärke etwa
12 Ampère. Für den Punkt A war das Drehmoment des
Ankers 77 mkg (vergl. Fig. 10). Würden wir jetzt den
Ankerwiderstand so bemessen, dass wir im ersten Augenblick das gleiche Drehungsmoment hätten, so würde,

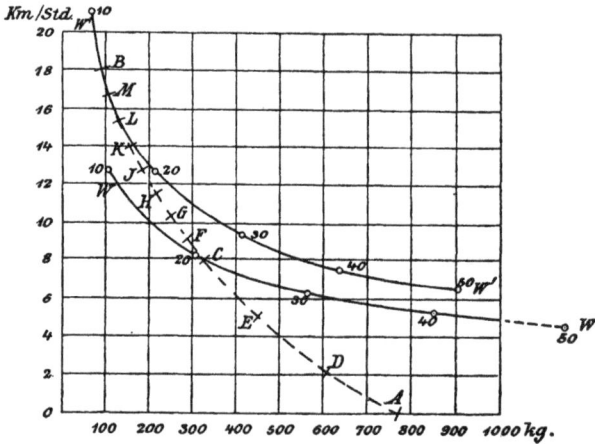

Fig. 20.

wegen des veränderten Uebersetzungsverhältnisses die Zugkraft am Radumfang grösser werden. Dem Drehmoment von
77 mkg entsprach dort eine Zugkraft von:

$$\frac{0,8 \cdot 4,75 \cdot 77}{0,375} = 780 \text{ kg.}$$

Die gleiche Zugkraft dürfte auch hier genügen, d. h. es wird
ein Drehungsmoment von nur:

$$77 \cdot \frac{4,75}{7} = 52,2 \text{ mkg erforderlich.}$$

Ein Blick auf Fig. 10 belehrt uns, dass wir dieses Drehungsmoment mit etwa 37 Ampère Anlassstrom erreichen
können. Damit ist der Anlasswiderstand bestimmt; denn es
muss:

$$W_0 + W = \frac{500}{37} = 13{,}5 \text{ Ohm sein,}$$

da $W = 2{,}75$ ist, so folgt $W_0 = 10{,}75$ Ohm.

Der Punkt A liegt also auf der Abscissenaxe bei 780 kg.

Den erwünschten Verlauf der Geschwindigkeit beim Anfahren und im normalen Betriebe stellt dann eine Kurve dar,
welche die Punkte A und B verbindet. Es fragt sich, wo
soll diese Kurve die W-Kurve überschreiten? Das ganze Feld
unterhalb der W-Kurve stellt Zustände dar, welche nur mit
Hilfe des Vorschaltewiderstands erzielt werden können, d. h.
auf mehr oder weniger unwirthschaftliche Weise, je nachdem
der betreffende Zustand länger oder kürzer anhält. Die Zustände zwischen der W-Kurve und der W'-Kurve dagegen
sind auf wirthschaftlichere Weise zu erreichen.

Nun werden Geschwindigkeiten von weniger als
8 km/Stde. im normalen Betrieb kaum vorkommen; es sei
denn, dass grössere Steigungen oder kleinere Kurvenradien
vorliegen, die also zugleich eine grössere Zugkraft bedingen.
Bei einer Zugkraft von 300 kg pro Motor wird aber die Geschwindigkeit von 8 km kaum unterschritten werden. Es wird
also unseren Ansprüchen jedenfalls Genüge geleistet werden,
wenn die einzuzeichnende Kurve und die W-Kurve sich etwa
an der Stelle C ($Z = 325$; $c = 8{,}0$) schneiden.

Lassen wir also unsere Kurve die Punkte A, C und B
verbinden.

Für den Zustand des Anfahrens dürften 3 Stufen reich-
lich genügen. Theilen wir also den Zweig A C in drei Theile
von annähernd gleicher Bogenlänge, so erhalten wir die
Zwischenpunkte D und E mit den Zugkräften 620 und 450
und den Geschwindigkeiten 2,0 und 5,0. Es ist die Aufgabe,
die entsprechenden Werthe des Widerstands zu ermitteln.

In manchen Fällen ist es wünschenswerth, die Charakteristik durch einen einfachen, wenn auch nicht mathematisch

genauen, analytischen Ausdruck darzustellen. Das graphische
Verfahren ist zwar instruktiv, setzt aber, wenn es zu prak-
tischen Rechnungen verwendet werden soll, einen häufigeren
Gebrauch voraus. Nun giebt in unserem Falle die Fröhlich-
sche Hyperbelformel die Charakteristik mit einer grösseren
Genauigkeit wieder, als für unsere Zwecke erforderlich wäre.

Wir können die Formel:

$$N = \frac{a . S' . J}{\beta + S' . J}$$

in welcher a und β Konstanten sind, hier anwenden.

Wir wollen sie in der Form:

$$N = \frac{a \cdot \dfrac{S'}{S} \cdot J}{\dfrac{\beta}{S} + \dfrac{S'}{S} \cdot J}$$

schreiben, wo $S = 640$ die wirkliche Windungszahl ist.
$\dfrac{S'}{S}$ ist für den Zweig AC gleich 1. Ferner ist mit hinreichender Genauigkeit: $a = 7 . 10^6$ und

$$\frac{\beta}{S} = 19,1.$$

Da nun $Z = \dfrac{J . N}{k}$, so ist auch

$$Z = \frac{\dfrac{a}{k} \dfrac{S'}{S} \cdot J^2}{\dfrac{\beta}{S} + \dfrac{S'}{S} \cdot J}$$

Für den Punkt C ist (vergl. Kurve W Fig. 20)

$$Z = 325 \text{ und } J = \sim 21.$$

Es folgt also $\dfrac{a}{k} = 29,7.$

Mit Hilfe dieses Werthes lassen sich aus den Zugkräften 620 und 450 kg für die Punkte D und E die Stromstärken ermitteln, welche sich zu etwa 33 und 26 Ampère ergeben. Setzen wir nun:

$$c = b \cdot \frac{E}{N},$$

so findet sich b aus den für den Punkt C bekannten bezw. leicht zu ermittelnden Werthen:

$$c = 8,0; \; N = 3,66 \cdot 10^6 \text{ und } E = 500 - 2,75 \cdot 21 = 442$$
$$\text{zu } b = 6,61 \cdot 10^4.$$

Es ist nun einfach, für die Punkte D und E zunächst die elektromotorischen Gegenkräfte und dann die Widerstände zu ermitteln, welch letztere sich ergeben:

Für D zu ca. 11 Ohm

„ E „ ca. 7 „

Darnach könnten also die Abstufungen des im ganzen 13,5 Ohm messenden Gesammtwiderstandes eingerichtet werden, d. h. dem Eigenwiderstand des Motors wären zuzuschalten:

bei A: 10,75, bei D: 8,25, bei E: 4,25 und bei C: 0 Ohm.

Bezüglich des Zweiges CB gelten dieselben Ausdrücke, nur ist jetzt $\frac{S'}{S}$ die gesuchte Grösse.

Setzen wir:

$$\frac{S'}{S} = x,$$

so können wir folgende Gleichungen aufstellen:

$$Z = \frac{\frac{a}{k} x \cdot J^2}{\frac{\beta}{S} + x \cdot J} \quad \text{und}$$

$$c = \frac{b \cdot E}{a \cdot x J} \left(\frac{\beta}{S} + x \cdot J \right).$$

Die elektromotorische Gegenkraft ist hier auch eine Funktion des Werthes x. Es ist:

$$E = V - J\,(r + s\,.\,x).$$

Nun ist aber für den Punkt C: $J = 21$ und $x = 1$, für B dagegen J ungefähr 12 und $x = 0,5$. Es liegt also E zwischen den Grenzen: 442 und 477, zwei Werthen, welche nur um $7\,^0/_0$ auseinandergehen. Wir können also keinen grossen Fehler machen, wenn wir ein gleichmässiges Anwachsen der elektromotorischen Gegenkraft von Stufe zu Stufe annehmen.

Bezüglich der Zahl der Stufen sind wir an keine obere Grenze gebunden. Je mehr Stufen wir haben, um so besser können wir uns den jeweiligen Betriebsverhältnissen anpassen; denn jede Stufe des Regelungswiderstandes liefert eine Kurve, die sich alle zwischen die W-Kurve und die W'-Kurve, also in das Arbeitsfeld hineinlagern.

Wir wollen hier 8 Stufen annehmen, haben also zunächst 7 Punkte F bis M auf der Kurve CB aufzusuchen, welche dieselbe in 8 Theile annähernd gleicher Bogenlänge theilen. Jeder Punkt liefert ein Werthpaar von Z und c. Wie oben bereits besprochen, wollen wir annehmen, die elektromotorische Gegenkraft wachse von Punkt zu Punkt gleichmässig, also um ca. 4 Volt. Dann haben wir folgende Werthe:

	C	F	G	H	J	K	L	M	B
Z:	325	285	250	214	183	155	129	104	95
c:	8,0	9,1	10,2	11,4	12,6	14,0	15,2	16,5	18,0
E:	442	446	451	455	459	464	468	473	477

Es ist nun sehr einfach, mit Hilfe der zweiten Gleichung $x\,.\,J$, dann aus der ersten J und schliesslich $x = \dfrac{s'}{s}$ zu ermitteln. Letzteres ergiebt sich, wie folgt:

	C	F	G	H	J	K	L	M	B
$\dfrac{s'}{s}$	1,00	0,79	0,67	0,60	0,55	0,52	0,52	0,51	0,50

woraus für $s = 1,65$ der parallel zu schaltende Widerstand sich nach Seite 89 folgendermassen ergiebt:

∞ 6,2   3,35 2,07 2,07 2,02 1,79 1,79 1,72 1,65

Wir haben Seite 81 den Wattstundenverbrauch pro Wagenkilometer zu $\frac{VJ}{c}$ ermittelt. Nehmen wir beispielsweise eine
Zugkraft von 210 kg, so liefert die W-Kurve $c = 9{,}6$ km/Stde.
und $J = 15$ Ampère; dagegen die W'-Kurve $c = 12{,}7$ km/Stde.
und $J = 20$ Ampère. Im ersteren Falle wird also der Wattstundenverbrauch pro Wagenkilometer:

$$\frac{500 . 15}{9{,}6} = 780, \text{ im zweiten } \frac{500 . 20}{12{,}7} = 787 \text{ Wattstunden.}$$

Nehmen wir noch ein Beispiel für grössere Zugkräfte, etwa
von 470 kg:

$$\text{W-Kurve: } c = 7; \quad J = 25; \quad \frac{VJ}{c} = 1785 \text{ Wattstunden.}$$

$$\text{W'-Kurve: } c = 8{,}9; \; J = 32; \quad \frac{VJ}{c} = 1900 \text{ Wattstunden.}$$

Die Unterschiede sind so unbedeutend, dass wir sagen können,
der Arbeitsverbrauch pro Wagenkilometer ist für das ganze
Arbeitsfeld der Motoren derselbe. Die Motoren arbeiten also
zwischen der W- und W'-Kurve gleich wirthschaftlich, während
natürlich unterhalb der W-Kurve die Arbeitsweise eine un-
wirthschaftlichere sein muss.

Wollten wir das oben Seite 82 durchgeführte Beispiel
auch auf den gegenwärtigen Fall anwenden, so würde das
Ergebniss zum Nachtheil der soeben besprochenen Methode
ausfallen, da keiner der dort angenommenen Zustände in das
eigentliche Arbeitsfeld, d. h. zwischen die Kurven fällt. Es
handelte sich aber auch dort um eine Bahn, bei der fast ein
Drittel der Strecke mit halber Geschwindigkeit zurückzulegen
war, ein Fall, für den die Serien-Parallelschaltungsmethode
wie keine andere geeignet ist. Ist aber der Betrieb der Bahn
ein derartiger, dass zusammengehörige Werthe von Zugkraft
und Geschwindigkeit Punkte ergeben, die zwischen der W-
und W'-Kurve liegen, so kann, wie uns ein Blick auf unser
Diagramm zeigt, bei der Regelung durch einen Widerstand
parallel zur Magnetbewicklung bis $20^0/_0$ der für Serien-
parallelschaltung erforderlichen Arbeit erspart werden.

7*

Gegenüber der Serien-Parallelschaltung besitzt die Methode der Nebenschliessung noch den nicht zu unterschätzenden Vorzug wesentlich einfacherer Umschaltevorrichtungen.
So kann z. B. ein Umschalter für 2 Stufen des Anlasswider-
stands und 5 Stufen des Regelungswiderstands in der einfachen Form hergestellt werden, wie Figur 21 anzeigt. Hier
dienen die Kontakte h und i lediglich der Stromunterbrechung

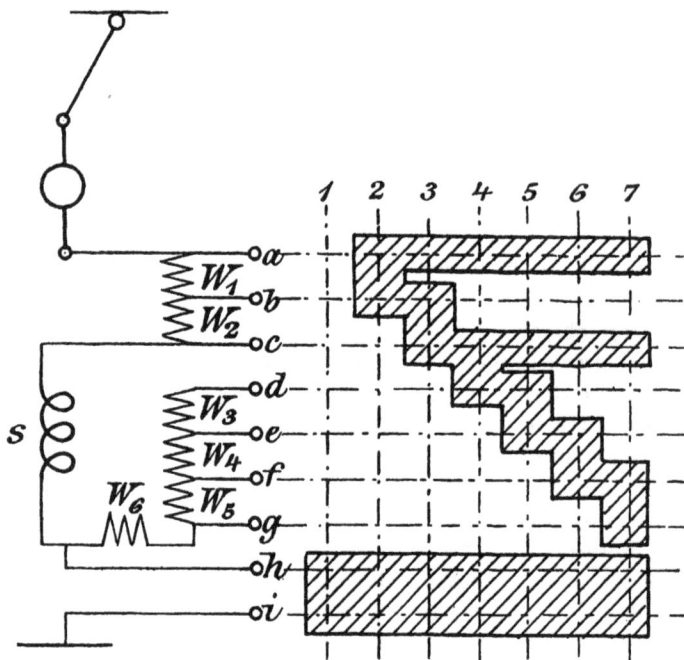

Fig. 21.

und sind in den gezeichneten 7 Betriebsschaltungen stets verbunden. Im übrigen durchfliesst in Schaltung 1 der Strom
den Anker, die Anlasswiderstände W_1 und W_2 und die
Magnetbewicklung, während die Nebenschliessung noch offen
ist. Letzterer Zustand bleibt auch in 2 und 3 erhalten, in
welchen W_1 bezw. W_1 und W_2 kurz geschlossen sind. Schaltung 3 liefert die natürliche Geschwindigkeit, weil hier dem

Motor seine volle Spannung geboten wird und sein Feld noch
nicht geschwächt ist.

In Schaltung 4 wird durch Herstellung der Verbindung
c d der Nebenschluss zur Magnetbewicklung gebildet, der bis
zum Schluss beibehalten bleibt, nur wird der Widerstand
dieses Nebenschlusses weiter und weiter abgeschwächt, bis
auf den Werth:

$$W_6 = \frac{S'}{S - S'} \, s$$

wo S' den kleinsten Werth der wirksamen Windungszahl bedeutet.

Die Darstellung beschränkt sich der Einfachheit halber
auf nur einen Motor. Kommen mehrere Motoren zur Anwendung, so hat man nur die Magnetbewicklungen unter sich
und die Anker unter sich parallel zu schalten und die Werthe
der Nebenschlusswiderstände entsprechend abzuändern.

Es liegt nun der Gedanke nahe, dieselben Widerstände
zuerst zum Vorschalten und dann im Nebenschluss zur Magnetbewicklung zu verwenden. Praktische Verwendung hat dieses
Princip auf der Hamburg-Altonaer Centralbahn[1] gefunden.
Fig. 22 stellt die Schaltung eines Wagens dieser Bahn dar,
und enthält alle festen, d. h. von der Stellung
der Walze unabhängigen, Verbindungen.
Die zweipolige (vor und hinter dem Motor
mögliche) Unterbrechung ist der Uebersichtlichkeit wegen hier nicht eingezeichnet. Zum
Zweck des Anfahrens wird eine Verbindung f e
hergestellt, durch welche eine Reihenschaltung
der Magnetbewicklungen, Widerstände und
Anker erzielt wird. Indem nun nach und
nach f d, f c und f b hergestellt werden, werden
die Widerstände $w_1 \, w_2 \, w_3$ ausgeschaltet und
es erreichen die Motoren im letzten Fall (f b)
ihre natürliche Geschwindigkeit.

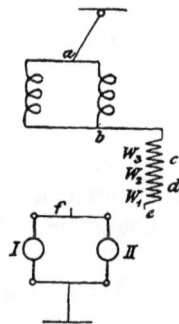

Fig. 22.

Während nun die Verbindung f b weiter bestehen bleibt
wird zunächst a mit d verbunden. Hierdurch treten die Wider

---

[1] Zeitschrift des Vereins deutscher Ingenieure 1897, S. 284.

stände w_2 und w_3 in Parallelschaltung zu den Magnetbewicklungen. Es tritt also eine Verkleinerung der wirksamen
Windungszahl ein, und zwar wird:

$$S' = S \cdot \frac{w_2 + w_3}{w_2 + w_3 + s/2}.$$

diese Zahl wird dann in der Endstellung abermals vermindert
und zwar durch Kurzschliessen von w_2, es wird:

$$S' = S \cdot \frac{w_3}{w_3 + s/2}.$$

Die Parallelschaltung der Magnetbewicklungen vereinfacht
grade in diesem Falle die Regelung ausserordentlich. Ein
Bedenken, das bei oberflächlicher Betrachtung unwillkürlich
kommen muss, nämlich, dass bei ungleicher Beschaffenheit der
Magnetbewicklungen eine ungleiche Vertheilung der Belastung
auf die beiden Motoren eintreten müsse, schwindet bei ein-
gehenderer Untersuchung. Nehmen wir an, Motor I habe um
etwa 5 Procent mehr Windungen auf den Magneten als Motor II,
so wird auch der Widerstand seiner Magnetbewicklung annähernd in gleichem Maasse höher sein als beim anderen
Motor. Vielleicht auch ist der Widerstand um 6 Procent höher,
weil ja mit der Zahl der Windungen auch die mittlere Länge
einer Windung wächst. Dann muss aber der Erregerstrom
des Motors I um 6 Procent geringer sein als der des Motors II,
und die Ampèrewindungen unterscheiden sich nur noch um $1^0/_0$.
Der Einfluss dieses einen Procent auf die Kraftlinienzahlen
und durch diese auf die elektromotorischen Gegenkräfte und
Ankerströme, ist so unbedeutend, dass er keiner Beachtung
verdient.

Wenn auch die hier besprochene Parallelschaltung der
Magnetbewicklungen und der Anker unter sich die einfachste
Regelung ermöglicht, so bleibt doch die damit verbundene
gegenseitige Abhängigkeit der Motoren nachtheilig. Eine
Stromunterbrechung z. B. in der Magnetbewicklung des Motors I
würde das Verschwinden seines Magnetfeldes zur Folge haben.
Dann würde aber der Anker dieses Motors einen Kurzschluss

über dem anderen, ihm parallel geschalteten Motoranker bilden. Die Rücksicht hierauf sollte doch Veranlassung geben, von der einfachsten Anordnung zu Gunsten einer mehr betriebssicheren abzugehen. Zwei doppelpolige Ausschalter, von denen jeder an einem Motor zugleich Magnetbewicklung und Ankerstromkreis unterbrechen kann, werden hierzu übrigens schon genügen.

Wir haben oben erkannt, dass das Arbeitsfeld der Methode der Nebenschliessung, wenn man von einer zu weit gehenden Schwächung des Erregerstromes absehen will, kleiner ist als das Arbeitsfeld der Serienparallelschaltungsmethode, dass dagegen innerhalb dieses Arbeitsfeldes jene Methode ein ökonomischeres Arbeiten ermöglicht als diese. Man sollte also die Methode der Nebenschliessung da bevorzugen, wo die Betriebsverhältnisse gleichmässig sind oder doch nur zwischen geringen Grenzen schwanken, das ist also, nach den Bezeichnungen des 5. Kapitels, im Stadtverkehr und im Landverkehr, nicht aber im Stadt- und Landverkehr, wo auf verhältnissmässig langen Strecken mit sehr geringer Geschwindigkeit gefahren werden muss.

Siebentes Kapitel

Methode der Magnetumschaltung.

System der Allgemeinen Elektricitäts-Gesellschaft — Berechnung der Werthe der wirksamen Windungszahl und des Widerstands — Eintheilung — Schwierigkeiten — Vor- und Nachtheile gegenüber der Methode der Nebenschliessung.

Für den zweiten Fall der Regelung durch Veränderung der wirksamen Windungszahl haben wir ein vorzügliches Bei-

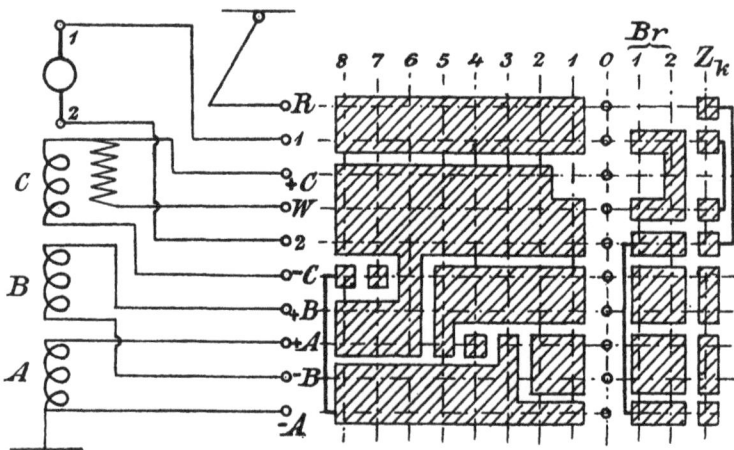

Fig. 23.

spiel in dem System der Allgemeinen Elektricitäts-Gesellschaft.[1]) In Fig. 23 ist dasselbe für einen Motor dargestellt, während

---

[1]) Vergl. deren Werk: „Elektrische Strassenbahnen" S. 51 und Mertching, Zeitschr. d. Vereins deutscher Ingenieure 1896. S. 451 ff.

in Wirklichkeit deren zwei zur Verwendung kommen. Die beiden Motoren arbeiten jedoch nur in Parallelschaltung und ist somit die Anwendung auf den Betrieb mit zwei Motoren ausserordentlich einfach; man hat sich nur gleichartige Pole der Spulen direkt miteinander verbunden zu denken. Bei den Ankern müssen wegen der verschiedenen Drehrichtung ungleiche Pole miteinander verbunden sein.

Die Magnetbewicklung jedes Motors ist in drei Theile A, B, C zerlegt, deren positive und negative Pole zu den federnden Kontakten $+A +B +C$ und $-A -B -C$ des Geschwindigkeitsreglers führen. Die Pole des Ankers sind mit den Kontakten 1 und 2, die Zuführung mit dem Kontakt R (Rolle) verbunden. Ein Widerstand, der sowohl zum Anfahren, als auch zum Bremsen verwendet wird, ist einerseits mit dem positiven Pol der Spule C, andererseits mit einem weiteren Kontakt W verbunden.

Der Umschalter besitzt 8 Stellungen für die normale Fahrt, eine Haltstellung, zwei Bremsstellungen und eine Stellung „Rückwärts", welche in der Figur mit Z_k (Zurück) bezeichnet ist. Durch die ersterwähnten 8 Stellungen können, wie leicht ersichtlich, folgende Verbindungen hergestellt werden:

Stellung 1.	$\overparen{R1}$	$\overparen{W2}$	$\overparen{-C+B}$	$\overparen{+A-B}$
„ 2.	$\overparen{R1}$	$\overparen{+CW2}$	$\overparen{-C+B}$	$\overparen{+A-B}$
„ 3.	$\overparen{R1}$	$\overparen{+CW2}$	$\overparen{-C+B}$	$\overparen{+A-B-A}$
„ 4.	$\overparen{R1}$	$\overparen{+CW2}$	$\overparen{-C+B}$	$\overparen{-B-A}$
„ 5.	$\overparen{R1}$	$\overparen{+CW2-C+B+A}$		$\overparen{-B-A}$
„ 6.	$\overparen{R1}$	$\overparen{+CW2-C+B+A}$		$\overparen{-B-A}$
„ 7.	$\overparen{R1}$	$\overparen{+CW2}$	$\overparen{+B+A}$	$\overparen{-B-A}$
„ 8.	$\overparen{R1}$	$\overparen{+CW2+R+A}$		$\overparen{-B-A-C}$

Zeichnet man nun den linken Theil der Fig. 23 besonders heraus, so kann man sich leicht durch Herstellung der in obiger Tabelle angegebenen Verbindungen Einblick in die verschiedenen Umschaltungen verschaffen. Z. B. sind in Fig. 24 (a. f. S.) die Verbindungen der Stellung 6 punktirt eingezeichnet.

Wie früher, so verstehen wir auch jetzt unter der wirksamen Windungszahl eine Zahl, welche, mit dem Ankerstrom
multiplicirt, die thatsächliche Ampèrewindungszahl liefert. Es
sei S' diese wirksame Windungszahl, J der Ankerstrom, A,
B, C die Windungszahlen der drei Spulen und J_a, J_b, J_c die
in ihnen fliessenden Ströme, so ist allgemein:

$$S' \cdot J = J_a \cdot A + J_b \cdot B + J_c \cdot C, \text{ daher}$$

$$S' = A \frac{J_a}{J} + B \frac{J_b}{J} + C \cdot \frac{J_c}{J}.$$

Unter r, a, b, c, w_0 verstehen wir die Widerstandswerthe des
Ankers, der drei Spulen und des Anlass- und Bremswider-
stands, während w den ganzen, zwischen Hin- und
Rückleitung liegenden Widerstand des Motors
bedeuten soll.

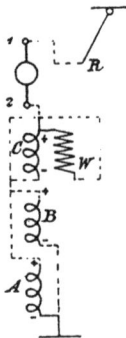

In den Schaltungen 1 und 2 sind alle drei
Spulen, der Anlasswiderstand und der Anker
hintereinander geschaltet, also ist hier:

$$J_a = J_b = J_c$$

und sonach:

$$S' = A + B + C.$$

Der Widerstand ist für Schaltung 1:

$$w = w_0 + r + a + b + c,$$

für Schaltung 2, in welcher der Anlasswiderstand kurz geschlossen ist:

$$w = r + a + b + c.$$

In Schaltung 3 und 4 ist Spule A kurzgeschlossen bezw. ausgeschaltet, B und C sind noch in Reihe. Also:

$$J_a = 0 : J_b = J_c = J \text{ somit:}$$

$$S' = B + C \text{ und}$$

$$w = r + b + c.$$

In Schaltung 5 finden wir eine Stromverzweigung nach nebenstehender Fig 25. Die beiden parallelgeschalteten Spulen A und B haben zusammen den Widerstand:

$$\frac{a\,b}{a+b}$$

und den Spannungsverlust:

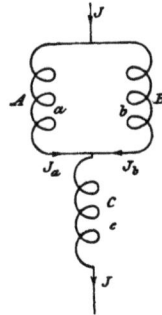

Fig. 25.

$$J\cdot\frac{a\,b}{a+b},$$

welcher den Werthen:

$$J_a\cdot a \text{ und } J_b\cdot b$$

gleich sein muss. Somit ist:

$$\frac{J_a}{J}=\frac{b}{a+b};\quad \frac{J_b}{J}=\frac{a}{a+b},$$

während $J_c=J$ ist.

Es ergiebt sich also:

$$S'=\frac{b\,A+a\,B}{a+b}+C,$$

während:

$$w=r+c+\frac{a\,b}{a+b}\quad\text{wird.}$$

Da in den Schaltungen 6 und 7 die Spule C kurz geschlossen, bezw. ausgeschaltet ist, so ergeben sich die Werthe aus denen der Schaltung 5 durch Weglassen von C bezw. c. Also:

$$S'=\frac{b\,A+a\,B}{a+b}$$

$$w=r+\frac{a\,b}{a+b}.$$

Für Schaltung 8 ist zunächst der Widerstand der drei Spulen zu berechnen. Bezeichnen wir denselben vorübergehend mit w_1, so muss sein:

$$J_a \cdot a = J \cdot w_1$$
$$J_b \cdot b = J \cdot w_1$$
$$J_c \cdot c = J \cdot w_1$$

da ferner:

$$J_a + J_b + J_c = J$$

ist, so folgt:

$$\frac{J w_1}{a} + \frac{J w_1}{b} + \frac{J w_1}{c} = J \text{ oder:}$$

$$w_1 = \frac{a b c}{a b + a c + b c}.$$

Für die wirksame Windungszahl:

$$S' = A \frac{J_a}{J} + B \cdot \frac{J_b}{J} + C \cdot \frac{J_c}{J}$$

findet sich zunächst:

$$S' = A \cdot \frac{w_1}{a} + B \cdot \frac{w_1}{b} + C \cdot \frac{w_1}{c}$$

und hieraus:

$$S' = \frac{A b c + B a c + C a b}{a b + a c + b c}.$$

Der Widerstand wird:

$$w = r + w_1$$
$$= r + \frac{a b c}{a b + a c + b c}.$$

Die erhaltenen Werthe mögen nun zunächst in einer Tabelle zusammengestellt sein:

Schaltung:	1	2	3 u. 4	5	6 u. 7	8
Wirksame Windungszahl ►	$A + B + C$	$A + B + C$	$B + C$	$\frac{bA + aB}{a + b} + C$	$\frac{bA + aB}{a + b}$	$\frac{A b c + B a c + C a b}{a b + a c + b c}$
Widerstand:	$w_0 + r + a + b + c$	$r + a + b + c$	$r + b + c$	$r + \frac{ab}{a + b} + c$	$r + \frac{ab}{a + b}$	$r + \frac{a b c}{a b + a c + b c}$

Sehen wir ab von der nur zum Anfahren zu verwenden-
den Schaltung 1, so verbleiben 5 Schaltungen, von denen
jede eine die Beziehungen zwischen Geschwindigkeit und Zugkraft darstellende Kurve liefert. Die wirksame Windungszahl. nimmt von Schaltung 2 gegen Schaltung 8 hin ab. Es
wird also die der Schaltung 8 entsprechende Kurve zu oberst,
die der Schaltung 2 entsprechende — d. i. die Kurve der
natürlichen Geschwindigkeit — zu unterst liegen. Die letztere
würde der W-Kurve des vorigen Kapitels entsprechen; er-
streben wir also, dass die erstere Kurve mit der W'-Kurve
zusammenfällt, so werden wir erreichen, dass das eigentliche
Arbeitsfeld auch hier von den beiden Grenzkurven ein-
geschlossen wird.

Nehmen wir den Motor zunächst wie er ist, behalten
auch das Uebersetzungsverhältniss, wie es im vorigen Kapitel
bestimmt war, bei, so wird die Kurve der Schaltung 2 mit
der W-Kurve des vorigen Kapitels identisch sein. Um die
gestellte Aufgabe zu lösen, müssten wir also:

$$S_8 = 0,5\, S_2$$

setzen. S mit einem Index bedeutet hier die einer durch den
Index bezeichneten Schaltung zukommende wirksame Windungszahl, welche aus obiger Tabelle zu entnehmen ist.
Wollen wir uns auch den Zwischenstufen, deren wir, wie aus
der Tabelle hervorgeht, nur 3 bilden können, anpassen, so
kommt hinzu:

$$S_4 = 0,67\, S_2$$
$$S_5 = 0,55\, S_2$$
$$S_6 = 0,52\, S_2$$

wobei jeweils:

$$S_2 = 640 \text{ ist.}$$

Diese Aufgabe ist streng mathematisch lösbar und auch
wesentlich einfacher, als es auf den ersten Blick erscheinen
mag. Wir könnten derselben Genüge leisten, wenn wir dafür
sorgten, dass:

$$A = 211$$
$$B = 410$$
$$C = 19$$

wird, und dabei die Widerstände sich verhalten wie:

$$a : b : c = 1,59 : 1 : 15,4,$$

Dass diese Anordnung praktisch unmöglich ist, geht aus folgender Erwägung hervor:

Sind Q_a, Q_b, Q_c die Drahtquerschnitte der drei Spulen, so ist:

$$a : b : c = \frac{A}{Q_a} : \frac{B}{Q_b} : \frac{C}{Q_c}.$$

Hierbei ist vorausgesetzt, dass die mittlere Länge einer Windung in sämmtlichen Spulen gleich ist; eine Bedingung, die eine gut konstruirte Maschine an sich erfüllt. Bei einer solchen ist der vorhandene Wicklungsraum ganz ausgenutzt, und dann ergiebt sich von selbst, dass die mittlere Länge einer Windung überall dieselbe ist.

Hiernach müsste also, damit die obige Bedingung erfüllt werde:

$$Q_a : Q_b : Q_c = 107 : 332 : 1 \text{ sein.}$$

An der grossen Verschiedenheit dieser Zahlen ist zu erkennen, dass die strenge Erfüllung der Bedingungen praktisch nicht möglich ist.

Abgesehen von der Möglichkeit, den oben als erwünscht bezeichneten Verhältnissen näher zu kommen, haben wir kein Interesse daran, die Kupferquerschnitte der drei Spulen verschieden gross zu gestalten. Die Stromstärke ist am grössten in den niederen Stufen 1 und 2. Hier sind aber alle Spulen hintereinander geschaltet; führen also denselben Strom. Es müsste somit der schwächste Querschnitt mit Rücksicht auf die zulässige Temperaturerhöhung bemessen sein, d. h. die anderen müssen stärker als eigentlich nothwendig, angelegt werden, also der Wicklungsraum muss grösser werden, sobald man von der Gleichheit der Querschnitte abgeht. Wir wollen also davon absehen, die Lösung der Aufgabe in einer verschiedenartigen Gestaltung der Querschnitte zu suchen.

Nehmen wir aber gleiche Drahtstärken an, so vereinfachen sich unsere Ausdrücke ganz wesentlich.

Wir dürfen schreiben:

$$a = A . \varrho; \quad b = B . \varrho; \quad c = C . \varrho;$$

wo ϱ den Widerstand der mittleren Windung bedeutet. Wie leicht ersichtlich, erhalten wir folgende Werthe für die wirksamen Windungszahlen:

In Schaltung:	2	3/4	5	6/7	8
Windungszahl:	$A + B + C$	$B + C$	$\dfrac{2\,AB}{A + B} + C$	$\dfrac{2\,AB}{A + B}$	$\dfrac{3\,ABC}{AB + AC + BC}$

Versuchen wir zunächst mit unseren oben berechneten Werthen:

$$A = 211; \quad B = 410; \quad C = 19$$

auszukommen, so findet sich:

Für Schaltung: 2   3/4   5   6/7   8
               640   429   298   279   50

Die für 5 und 6/7 erzielten Werthe stimmen zwar schlecht mit den als erwünscht erkannten überein; aber der Hauptfehler dieser Anordnung ist doch der, dass die wirksame Windungszahl in Schaltung 8 viel zu niedrig ist.

Wir könnten anderseits letzteren Werth zu einem Maximum machen, wenn wir $A = B = C$ setzen. Dies Maximum ist aber nur $= {}^{1}/_{3}$ der wirklichen Windungszahl; also die Bedingung $S_8 = 0,5 . S_2$ ist nicht erfüllbar, wenn die Drahtstärken in allen drei Spulen gleich sind.

Ausserdem würde sich aber bei Gleichheit der drei Spulen folgende Abnahme der wirksamen Windungszahl ergeben:

Schaltung: 2   3/4   5   6/7   8
           640   426   426   213   213

d. h. es würden statt fünf, nur drei Stufen vorhanden sein.

Wir müssen also zulassen, dass S_8 kleiner als 213 wird, damit wieder alle fünf Stufen zur Geltung kommen. Aus der ersten Betrachtung über die streng mathematische Behandlung des Falles können wir immerhin entnehmen, dass wir wohl daran thun, B grösser zu wählen, als A und C.

Setzen wir $A = C$ und nehmen $A < 213$, so werden wir nach einigen Proben eine passende Wahl finden. Als solche wollen wir:

$$A = 190; \quad B = 260; \quad C = 190 \text{ ansehen.}$$

Es ergiebt sich dann:

Schaltung:	2	3/4	5	6/7	8
	640	450	410	220	209.

Wir haben also an den 213 wirksamen Windungen, welche wir für Stufe 8 im günstigsten Fall hätten erreichen können, möglichst wenig geopfert und doch verhältnissmässig kräftige Abstufungen erzielt.

Die Widerstände der Spulen ergeben sich aus folgenden Beziehungen:

$$a + b + c = s = 1{,}65 \text{ und}$$
$$a : b : c = A : B : C = 190 : 260 : 190,$$

woraus: $a = 0{,}49 \quad b = 0{,}67 \quad c = 0{,}48$ Ohm folgt.

Mit Hilfe der S. 108 gegebenen Tabelle ergeben sich die Widerstände wie folgt:

Schaltung:	2	3/4	5	6/7	8
	2,75	2,26	1,87	1,38	1,28 Ohm.

Wir finden für Schaltung 8 bei Benutzung der früher entwickelten Formeln:

Für:							
$J =$	20	25	30	35	40	45	Ampère.
$c =$	17,5	14,7	12,9	11,6	10,5	9,7	km/Stde.
$Z =$	159	233	315	401	500	602	kg

Denken wir uns einzelne dieser Werthe in Figur 20 eingetragen, so werden wir finden, dass die S_8-Kurve, wie wir sie der Kürze halber nennen wollen, weit höher liegt als die W'-Kurve; sie liegt also höher, als für die meisten Zwecke erforderlich ist. Wir haben hier einen grösseren Arbeitsbereich als dort. Es fragt sich, können wir denselben ausnützen, d. h. kommen Geschwindigkeiten und Zugkräfte in Betracht, welche annähernd den Verhältnissen der S_8-Kurve entsprechen?

Ist dies nicht der Fall, so müssen wir die Kurve der natürlichen Geschwindigkeit — hier die S_2-Kurve — tiefer legen und zwar praktischer Weise so tief, dass dann die S_8-Kurve das thatsächliche Arbeitsfeld nach oben begrenzt.

Um mit den früheren Betrachtungen auf gleiche Basis zu kommen, wollen wir anstreben, die S_8-Kurve thunlichst mit der W'-Kurve des vorigen Kapitels zusammen fallen zu lassen. Nach einigen leicht anzustellenden Proben wird man zur Ueberzeugung gelangen, dass man dieses Ziel hinreichend genau erreichen kann, wenn man das Uebersetzungsverhältniss 1 : 8 (statt 1 : 7) wählt und gleichzeitig die Windungszahl um $25^0/_0$ erhöht, also von 640 auf 800. Wir wollen annehmen, das letztere sei möglich ohne Vergrösserung der Maschine, oder diese Vergrösserung sei so unbedeutend, dass sie keinen bemerkbaren Einfluss auf die Charakteristik habe. Die Drahtstärke wollen wir beibehalten, ebenso das Verhältniss der Windungszahlen, so dass also die wirksamen Windungszahlen in sämmtlichen Schaltungen um $25^0/_0$ steigen. Durch die Beibehaltung des Drahtquerschnitts vergrössern wir den Spulenwiderstand und zwar um etwas mehr als $25^0/_0$, weil auch die mittlere Länge einer Windung etwas zunimmt. Rechnen wir aber auch eine Vergrösserung des Spulenwiderstands um $30^0/_0$, so hat das, besonders bei den hauptsächlich in Betracht kommenden höheren Schaltungen, nur wenig Einfluss auf das Endergebniss. Der Ankerwiderstand von 1,1 Ohm bleibt natürlich ungeändert. Wir erhalten dann folgende Werthe:

$$A = 238; \quad B = 324; \quad C = 238 \text{ und:}$$

Schaltung:	2	3/4	5	6/7	8
Wirksame Windungszahl:	800	562	512	275	261
Widerstand:	3,25	2,61	2,10	1,46	1,33

Das Ergebniss ist in Fig. 26 (a. f. S.) durch 5 Kurven dargestellt, welche den fünf Schaltungen entsprechen.

Was zunächst die Lage der Grenzkurven betrifft, so haben wir die obere so gelegt, dass sie das Arbeitsfeld nach oben

begrenzt; sie liegt also passend. Die untere liegt so, dass
sie im normalen Betrieb bei niederen Geschwindigkeiten noch
recht wohl ausgenutzt werden kann. Sie entspricht ungefähr
der Serienschaltungskurve bei Serienparallelschaltung, liegt
aber höher als diese, was wir früher bereits einmal als Vortheil erkannt haben.

Weniger befriedigend ist die Lage der Zwischenkurven.

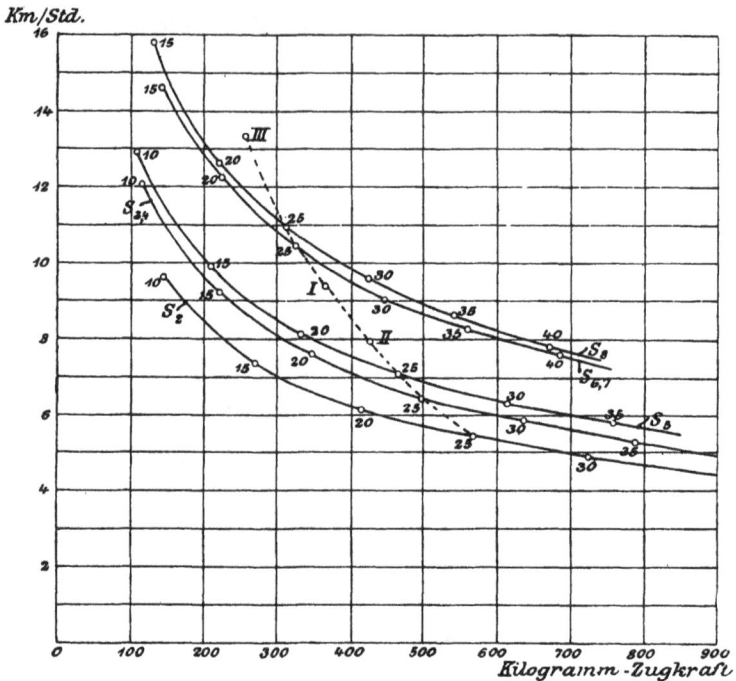

Fig. 26.

Anstatt das Arbeitsfeld in vier annähernd gleichmässige
Streifen zu zerlegen, liefern sie ziemlich ungleiche Streifen.
Hauptsächlich ist der Abstand zwischen S_5 und $S_{6/7}$ zu gross.
Es soll nicht behauptet werden, dass die oben getroffene
Wahl für die Windungszahlen A B C, durch welche die Lage
der Kurven begründet ist, die allein richtige sei. Es ist wohl
möglich, dass durch anderweitige Anordnung eine etwas gleich-

mässigere Vertheilung erzielt werden kann. Dagegen ist zu bestreiten, dass damit viel zu erreichen ist, wie aus folgender Betrachtung hervorgeht:

Da in den Kurven auch die entsprechenden Stromstärken eingetragen sind, so lassen sich Kurven gleicher Stromstärke leicht darstellen. So z. B. die Kurve für 25 Ampère (Fig. 26). Eine bessere Eintheilung des Arbeitsfeldes würde zweifellos erzielt, wenn man dafür sorgte, dass die Kurve $S_{6/7}$ durch den Punkt I, die Kurve S_5 durch den Punkt II ginge. Erstere müsste also durch Vergrösserung der wirksamen Windungszahl tiefer, letztere durch den umgekehrten Vorgang höher gelegt werden. Die den Punkten I, II entsprechenden Zugkräfte können abgelesen werden, sie betragen 365 und 425 kg. Da nun Zugkraft und Stromstärke bekannt sind, so lässt sich die zugehörige Kraftlinienzahl nach den Formeln (4) und (5) einfach berechnen.

Es findet sich:

$$N_1 = \frac{365 \cdot 0{,}375}{0{,}8 \cdot 8} \cdot \frac{\pi \cdot 9{,}81}{944 \cdot 25} \cdot 10^8 = 2{,}82 \cdot 10^6 \text{ und}$$

$$N_2 = \frac{425}{365} \cdot 2{,}82 \cdot 10^6 \qquad\qquad = 3{,}28 \cdot 10^6.$$

Die Charakteristik liefert:

zu $N_1 = 2{,}82 \cdot 10^6 : J . S' = 8400$ Ampèrewindungen
zu $N_2 = 3{,}28 \cdot 10^6 : J . S' = 10900$ „ „

Mit Hilfe von $J = 25$ findet sich:

zu I: $S' = 336$ Windungen
zu II: $S' = 436$ „

Es soll also $S_{6/7} = 336$ und $S_5 = 436$ ergeben, d. h.

$$\frac{2\,AB}{A+B} + C = 436; \quad \frac{2\,AB}{A+B} = 336 \text{ woraus,}$$

$$C = 100 \text{ Windungen folgt.}$$

Dabei ist $A + B + C = 800$, also $A + B = 700$.

Letztere Gleichung, in Verbindung mit:

$$\frac{2\,AB}{A+B} = 336$$

liefert: A = 280, B = 420 oder umgekehrt. Ein grösserer Werth von B ist mit Rücksicht auf $S_{3/4}$ vorzuziehen; bleiben wir also bei: A = 280;   B = 420.

Es findet sich:

$$S_{3/4} = B + C = 520 \text{ und}$$
$$S_8 = 188.$$

Wir haben nun folgenden Zustand:

Kurve S_2 bleibt in ihrer bisherigen Lage, die Kurven S_5 und $S_{6/7}$ nehmen den erwünschten Verlauf, d. h. sie gehen durch die Punkte II und I.

Die Windungszahl der Schaltung $S_{3/4}$ hat sich um etwa $8^0/_0$ ermässigt. Dies bedeutet bei den in Betracht kommenden magnetischen Sättigungen eine Steigerung der Geschwindigkeit von etwa $4^0/_0$. Die neue Kurve $S_{3/4}$ fällt also ungefähr mit der bisherigen Kurve S_5 zusammen. Sie nähert sich somit der neuen Kurve S_5 mehr, als beabsichtigt war. Am schlimmsten ist aber der Einfluss auf die Kurve S_8. Die Windungszahl geht von 261 auf 188 zurück, was ein Ausweichen der Kurve nach oben zur Folge haben muss. Bei 25 Ampère z. B. würde sich die Zugkraft zu 256 kg, und die Fahrgeschwindigkeit zu ca. 13,3 km pro Stunde ergeben. Die Kurve würde also etwa durch den mit III bezeichneten Punkt gehen.

Hatte sie nun vorher die obere Grenze des Arbeitsfeldes gebildet, so liegt sie jetzt über demselben, kann also unter gleichen Verhältnissen wie früher nicht mehr ausgenutzt werden. Ist dagegen das Arbeitsfeld so beschaffen, dass die Kurve in ihrer neuen Lage noch brauchbar ist, dann wird immerhin ihr grosser Abstand von der nach unten verschobenen Kurve $S_{6/7}$ ungünstig in die Wagschale fallen. Es liegt in dieser Regelungsweise begründet, dass irgend eine Abänderung in der Windungszahl der einzelnen Spulen, welche zum Zweck hat, die Kurven S_5 und $S_{6/7}$ einander näher zu bringen, d. i. eine Verkleinerung von C, zugleich den Abstand zwischen S_8 und $S_{6/7}$ vergrössern muss.

Wir wollen also die Frage, ob vielleicht eine noch befriedigendere Lösung zu finden wäre, fallen lassen, nachdem wir uns überzeugt haben, dass auf keinen Fall viel mehr erreicht werden kann, da Vortheile auf der einen nur durch Nachtheile auf der anderen Seite erkauft werden können. Wir kehren zu der früher getroffenen Wahl zurück und untersuchen zunächst die Abhängigkeit des Arbeitsverbrauchs von der Schaltung.

Der Wattstundenverbrauch pro Wagenkilometer ist wie oben:

$$\frac{500\,J}{c}$$

Nehmen wir z. B. 270 kg Zugkraft, so haben wir auf der untersten Stufe:

$$J = 15; \qquad c = 7,3,$$

auf der obersten:

$$J = 23 \text{ und } c = 11,6.$$

Dies ergiebt:

1030 bezw. 990 Wattsunden.

Wir erkennen also wohl ein Uebergewicht der höheren Schaltungen, da dasselbe jedoch nicht gross ist, so ergiebt sich, dass die Methode auch auf wirthschaftliche Weise das Fahren mit den niederen Stufen ermöglicht. Der Unterschied im Arbeitsverbrauch ist zweifellos viel geringer als bei der Serien-Parallelschaltungsmethode.

Von Interesse dürfte weiter ein Vergleich zwischen dieser Methode und der unmittelbar vorher besprochenen mit ihr verwandten Methode der Nebenschliessung sein. Letztere gestattet, das Verhältniss $\frac{S'}{S}$ beliebig zu gestalten, man kann also grosse und kleine Arbeitsfelder schaffen. Bei der Methode der Magnetumschaltung ist es, wie wir gesehen haben, nur durch praktisch wenig annehmbare Mittel möglich, dieses Verhältniss für die Stufe höchster Geschwindigkeit über

$^1/_3$ zu bringen. Daher eignet sich diese Methode mehr für grössere als für kleinere Arbeitsfelder, bei welch letzteren leicht entweder die oberste oder die unterste Stufe für den regelmässigen Betrieb unbrauchbar würde. Dann aber ist die Stufenzahl, die ja im ganzen nur 5 beträgt, zu niedrig. Für Stadtbahnen ist also das System weniger geeignet als für die beiden anderen Gruppen.

Mit einem der Magnetbewicklung parallelen Widerstand kann man grossen und kleinen Arbeitsfeldern Rechnung tragen, und hat bei letzteren den Vorzug vor der Methode der Magnetumschaltung, dass man alle Stufen benutzen, auch, wenn erwünscht, mehr als fünf Stufen schaffen kann. Bei grossen Arbeitsfeldern, also beim Stadt- und Landverkehr, sowie beim Landverkehr sind die beiden Methoden gleichwerthig. Dass dabei die eine mehr als 5 Abstufungen gestattet, ist nur ein theoretischer Vortheil, da man in ganz wenig Fällen — abgesehen vom Vorschalte-Widerstand — mehr als fünf Stufen nöthig hat. Noch bleibt zu erwähnen, dass die Methode der Magnetumschaltung für höhere Geschwindigkeiten etwas wirthschaftlicher ist als die Methode der Nebenschliessung. Bei gleicher Ermässigung der wirksamen Windungszahl — z. B. auf $^1/_3$ — geht der Spulenwiderstand auf $^1/_9$ seines ursprünglichen Werthes herunter (vergl. S. 108 für $a = b = c = \frac{s}{3}$), während bei der anderen Methode sich der Spulenwiderstand wie das Verhältniss $\frac{S'}{S}$ ändert (vergl. Seite 89), also hier nur auf $^1/_3$ herabgehen würde. Da nun aber in beiden Fällen der Ankerwiderstand noch hinzukommt, so ist die Ersparniss auf Seiten der Methode der Magnetumschaltung nicht so gross und der Vortheil wird nur nach wenigen Procenten zählen.

Achtes Kapitel

Elektrische Bremsung.

Der Bremsweg — Angenäherte Ermittelung desselben — Beispiel — Tote
Geschwindigkeit — Nebenschlussmotoren als Stromerzeuger — Leitungs-
und Akkumulatorenbetrieb — Die Umkehrung des Motors bei Haupt- und
Nebenschluss — Zurückgewinnung der Arbeit — Arbeitsersparniss infolge
der Zurückgewinnung.

———

Die bekannte Thatsache, dass die Dynamomaschine einer
elektrischen Beleuchtungsanlage nach Abstellung der Kraft-
maschine dann schneller zum Stehen kommt, wenn der Stromkreis, auf den die Maschine gearbeitet hat, geschlossen bleibt,
weist daraufhin, dass wir mit den Motoren elektrischer Wagen
eine vorzügliche Bremswirkung erzielen können, wenn wir
dafür sorgen, dass sie beim Auslaufen einen Stromkreis vor-
finden, in den sie elektrische Arbeit abgeben können. Diese
abgegebene Arbeit, vermehrt um die inneren Verluste, zehrt
an dem Arbeitsvorrath, welchen die lebendige Kraft des Fahrzeuges darstellt, und erschöpft diesen Vorrath also schneller,
als wenn derselbe lediglich zur Ueberwindung der Bahnwiderstände verbraucht würde.

Bei einem Wagengewicht von G kg und einer Fahrgeschwindigkeit von c m pro sec ist die lebendige Kraft:

$$\frac{G}{2g} \cdot c^2 \text{ mkg.}$$

Ist nun der Bremsweg, d. i. die Strecke, welche der Wagen
nach Abstellung der Stromzufuhr noch zurücklegt, s (in m)

und die Zugkraft am Radumfang Z kg, so wird zur Ueberwindung der Bahnwiderstände die Arbeit Z . s erforderlich.

Die als Dynamomaschine wirkenden Motoren mögen nun W Watt erzeugen. Sie geben dann im Zeitelement dt die elektrische Arbeit W dt Wattstunden ab und verbrauchen zu diesem Zweck bei einem Gesammtwirkungsgrad ξ des Wagens:

$$\frac{W\,dt}{\xi} \text{ Wattsekunden,}$$

oder:

$$\frac{W\,dt}{\xi g} \text{ mkg.}$$

In T Sekunden beträgt diese Arbeit:

$$\int_0^T \frac{W\,dt}{\xi g} \text{ mkg.}$$

Hiernach ist:

$$\frac{G}{2g}\,c^2 = Z \cdot s + \int_0^T \frac{W\,dt}{\xi g}$$

und der Bremsweg s ist:

$$s = \frac{\dfrac{G}{2g}\,c^2 - \displaystyle\int_0^T \frac{W\,dt}{\xi g}}{Z}$$

Bei rein mechanischer Bremsung ist $W = 0$ dagegen Z bedeutend vergrössert infolge der Reibung der Bremsklötze. Bei elektrischer Bremsung wird der Bremsweg s zunächst dadurch verkleinert, dass der Integralausdruck einen gewissen Werth erreicht, dazu kann aber gleichfalls eine Vergrösserung von Z treten und zwar ohne Anwendung von Bremsklötzen. Es ist nur erforderlich noch eine magnetische Kraftwirkung zu schaffen, indem man, wie z. B. Fischinger,[1]) den von den

---

[1]) Fischinger, Elektrotechnische Zeitschrift 1896, S. 206.

Motoren erzeugten Strom eine Spule durchfliessen lässt, welche über der Radwelle gelagert ist. Hier tritt ein anderer Arbeitsverbrauch infolge Erzeugung von Wirbelströmen hinzu.

Um ein Zahlenbeispiel zu erhalten, wollen wir:

$$G = 10\,000 \text{ kg}, \quad c = 4{,}17 \frac{m}{\text{sec}} \quad \left(= 15 \frac{km}{\text{Stde}}\right) \text{ und } Z = 120 \text{ kg}$$

setzen.

Die lebendige Kraft ist:

$$\frac{10\,000 \cdot 4{,}17^2}{2 \cdot 9{,}81} = 8850 \text{ mkg}.$$

Wenn nun keinerlei elektrische oder magnetische Bremsung angewandt wird, so kommt der Wagen auf der horizontalen graden Strecke nach Zurücklegung von:

$$s = \frac{8850}{120} = \sim 74\,\mathrm{m}$$

zum Halten.

Nehmen wir nun zwei Motoren der früher betrachteten Art von je $12^{1}/_{2}$ Kilowatt normaler Leistung an, und setzen voraus, dass beide während des Bremsens konstant und voll belastet sind, so ist $W = 2 \times 12\,500 = 25\,000$ Watt. ξ sei 0,7, es ist also:

$$\int_{0}^{T} \frac{W\,dt}{\xi g} = 3640 \cdot T.$$

Nehmen wir noch eine, wenigstens annähernd gleichmässige Verzögerung an, so ist mit hinreichender Genauigkeit:

$$\frac{c}{2} = \frac{s}{T}$$

und somit:

$$3640\,T = 1740 \cdot s.$$

Es folgt:

$$Z \cdot s + 1740 \cdot s = 8850$$

oder für $Z = 120\,\text{kg}$:

$$s = 4{,}76.$$

Wir erkennen, dass das Entnehmen einer grösseren elektrischen Arbeitsmenge aus den Motoren weit wirkungsvoller ist, als eine Vermehrung der widerstehenden Kraft Z; denn eine Verdoppelung derselben bewirkt dieselbe Verkürzung des Bremsweges wie eine Vermehrung der elektrischen Leistung W um nur 7 Procent.

Nun ist zwar weder eine Konstanthaltung der elektrischen Leistung W, noch, wie wir sofort erkennen werden, eine Arbeitsentnahme bis zum vollständigen Halten möglich. Beides kann aber dadurch ausgeglichen werden, dass wir keineswegs an die normale Leistung der Maschine als obere Grenze gebunden sind; wir können vielmehr, solange die Geschwindigkeit noch höhere Werthe besitzt, eine wesentliche Steigerung der Stromabgabe eintreten lassen. Die elektromotorische Kraft der Maschine als Stromerzeuger ist bei gleicher Geschwindigkeit und Felderregung annähernd ebenso gross als beim Motor. Die Kraftlinienzahl hängt (wir nehmen zunächst Hauptschlusswicklung an) von der Stromstärke ab, und wir können, solange die Stromstärke nicht ganz wesentlich über den Normalwerth hinausgeht, mit hinreichender Genauigkeit setzen:

$$E = c\,\frac{\delta\,J}{f + J},$$

wo für unseren Motor $f = 19{,}2$ und δ, wenn c in m pro Sekunde gemessen ist, gleich 195 ist. Wir nehmen also vorübergehend auf die Fröhlich'sche Hyperbelformel Bezug. E und J sind aber noch durch die Beziehung $E = J \cdot w$ verknüpft, wo w den Widerstand des Bremsstromkreises bedeutet, also den Eigenwiderstand der Maschine einschliesst. Die Ohm'schen Verluste in der Maschine sind also im Wirkungsgrad ξ nicht inbegriffen. Diese beiden Ausdrücke liefern:

$$J \cdot w = c \cdot \frac{\delta\,J}{f + J}, \quad \text{woraus}$$

$$J = \frac{c\,\delta}{w} - f \ \text{folgt.}$$

Hieraus ist ersichtlich, dass schon für einen gewissen endlichen Werth von C, nämlich:

$$c_0 = \frac{f \cdot w}{\delta}$$

die Stromstärke Null wird, d. h. dass die elektrische Bremsung nicht erst beim Anhalten des Wagens, sondern schon früher aufhört. Den kleinsten Werth dieser „toten" Geschwindigkeit, welcher der toten Umdrehungszahl des Motors entspricht, erhalten wir beim kleinsten Werth von w, also bei Kurzschluss der Maschine, und zwar ist für unseren Fall w = 2,75, also:

$$c_0 = \frac{19,2 \cdot 2,75}{195} = 0,27 \text{ m pro Sekunde}$$

oder 0,97 km pro Stunde. Die lebendige Kraft ist dann aber auch schon bis auf:

$$\left(\frac{0,27}{4,17}\right)^2 \cdot 8850 = 370 \text{ mkg}$$

aufgezehrt.

Die Bremsleistung W ist:

$$W = J^2 \cdot w,$$

also eine Funktion der Geschwindigkeit und des Widerstands. Wir können nun den Widerstand so bemessen, dass z. B. für die Anfangsgeschwindigkeit das Doppelte der Normalleistung erreicht wird. Nachdem eine Abnahme der Geschwindigkeit eingetreten ist, wird der Motor kurzgeschlossen und damit w auf den Betrag des Eigenwiderstandes ermässigt. Ersteres erzielen wir hier mit 12,5 Ohm.

Unter Zugrundelegung eines solchen Ausdruckes für die Abhängigkeit der Wattleistung von der Geschwindigkeit könnte der Bremsweg analytisch ermittelt werden, und möge der Weg dazu an späterer Stelle angedeutet werden, jedoch sind die diesbezüglichen Rechnungen im Vergleich zum praktischen Werth des Ergebnisses zu zeitraubend. Wir wollen daher die Aufgabe nur näherungsweise lösen und die Annahme machen, dass die Geschwindigkeit von ursprünglich BC = 4,17 m/sec (vergl. Fig. 27), gleichmässig abnehme, sie möge also in der unbekannten Zeit $T = AC$ entsprechend der Linie BC verlaufen. Die Ordinaten der Kurven I und II ergeben die Werthe W für $w = 12{,}5$ und $2{,}75$ Ohm Gesammtwiderstand. Es ist angenommen, dass das Kurzschliessen der Maschine dann eintritt, wenn die Fahrgeschwindigkeit auf 2 m/sec heruntergegangen ist (Punkt D). Dann erfolgt die weitere Stromerzeugung gemäss der Kurve II. Im Falle der Noth kann die Umschaltung natürlich früher eintreten.

Für die Strecke $AD = 0{,}53 \cdot T$ beträgt die mittlere Ordinate der Kurve I: 11500 Watt; für die Strecke $DE = 0{,}41\,T$

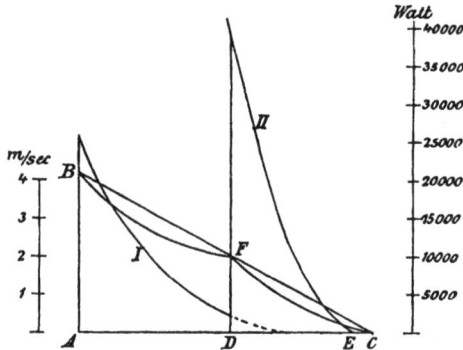

Fig. 27.

liefert die Kurve II die mittlere Ordinate 12900 Watt. Es würde also ein Motor leisten:

$$(11500 \cdot 0{,}53 + 12900 \cdot 0{,}41) \cdot T = 11400\,T$$

und beide zusammen 22800 T Wattsekunden.

Es ist also:

$$\int_0^T \frac{W\,dt}{\xi g} = \frac{22800}{0{,}7 \cdot 9{,}81} \cdot T = 3320 \cdot T\;\mathrm{mkg}$$

und wir haben die Gleichung:

$$120 \cdot s = 8850 - 3320\,T.$$

Setzen wir wieder, wie oben:

$$T = \frac{2 \cdot s}{4,17},$$

so findet sich der Bremsweg: s = 5,17 m.

Die Annahme einer gleichförmigen Verzögerung ist nun natürlich unrichtig, weil sie eine konstante Kraftwirkung voraussetzt. Hier ist aber nur ein Theil der Kraft — der Bahnwiderstand Z — konstant, der andere Theil, die Bremskraft, ist von der Geschwindigkeit abhängig. Deshalb wird auch die Abnahme der Geschwindigkeit nicht nach der Graden BC, sondern etwa nach der gebrochenen Kurve BFC erfolgen. Dann muss aber $\int W dt$ geringer ausfallen, als berechnet, dafür wird die mittlere Geschwindigkeit kleiner, also $\frac{T}{s}$ grösser. Diese beiden Einflüsse wirken einander entgegen, so dass die vorstehende Berechnung des Bremsweges wohl als Annäherung gelten kann.

Wenn auch für die meisten praktischen Zwecke eine überschlägige Ermittelung genügt, so dürfte doch die nachfolgende eingehendere Behandlung wenigstens einiges theoretische Interesse bieten.

Wir wollen annehmen, es fahre ein Wagen auf einer geneigten Bahn abwärts. Die Tangente des Neigungswinkels sei $\frac{\sigma}{1000}$; die Berechnung gilt dann auch für die Horizontale, für welche $\sigma = 0$ ist.

Es wirken dann auf den Wagen vom Gewicht G (kg) drei Kräfte: Eine Kraft $G \cdot \frac{\sigma}{1000}$ parallel der schiefen Ebene nach unten gerichtet, dann die noch näher zu definirende Bremskraft Q, parallel der schiefen Ebene, aber nach oben gerichtet, und die Reibung $\frac{G \cdot a}{1000}$, die der jeweils herrschenden Bewegung entgegenwirkt, also auch parallel der schiefen Ebene und nach oben gerichtet ist. Es ist dabei vorausgesetzt, dass die Neigung der schiefen Ebene so gering ist, dass man noch ohne wesentlichen Fehler die Tangente für den Sinus setzen darf. (Vergl. S. 8.)

Es resultirt eine parallel der schiefen Ebene nach unten gerichtete Kraft von:

$$\frac{G \cdot \sigma}{1000} - Q - \frac{G \cdot \alpha}{1000} \text{ kg.}$$

Diese Kraft ertheilt der Masse $\frac{G}{g}$ die Beschleunigung $\frac{dc}{dt}$, es ist also:

$$\frac{G}{g} \cdot \frac{dc}{dt} = G \cdot \frac{\sigma - \alpha}{1000} - Q.$$

Würde unter dem Einfluss der Bremskraft Q der Weg dl zurückgelegt, so würde die Arbeit Qdl mkg oder Q.g.dl Wattsekunden am Radumfang geleistet. Von dieser kommt beim Wirkungsgrad ξ der Betrag ξ.Q.g.dl Wattsekunden als elektrische Bremsarbeit zur Geltung; es ist also:

$$\xi Q g \, dl = W \, dt,$$

woraus als Definition der Bremskraft folgt:

$$Q = \frac{W}{\xi g c}.$$

Mit Hilfe der obigen Gleichung ergiebt sich also für die Beschleunigung:

$$\frac{dc}{dt} = g \cdot \frac{\sigma - \alpha}{1000} - \frac{W}{\xi c G}.$$

Je nach der Bewerthung von σ und W kann also die Beschleunigung positiv, null oder negativ sein; praktisches Interesse haben aber nur die beiden letzten Fälle.

Es sei z. B. für die oben angenommenen Verhältnisse:

$$G = 10000, \ c = 4{,}17 \text{ und } \xi = 0{,}7,$$

ferner für $\sigma = 110$ und $\alpha = 10$ die Bremsleistung W zu ermitteln, für welche die Geschwindigkeit ungeändert bleibt, dann ist:

$$\frac{dc}{dt} = 0$$

zu setzen, also:

$$W = \xi c G \cdot g \frac{\sigma - a}{1000} = 28700 \text{ Watt.}$$

Nehmen wir noch einen zweiten Fall.

Ein mit Nebenschlussmotoren ausgerüsteter Wagen vom Gewicht $G = 10000$ kg fährt auf obiger Strecke abwärts und besitzt anfangs die Geschwindigkeit $c_1 = 4,17$ m/sec., welche durch elektrische Bremsung ermässigt werden soll. Die gewonnene elektrische Arbeit soll an die Leitung, welche die als konstant angenommene Spannung V besitzt, zurückgegeben werden.

Vernachlässigen wir die Verschiedenheit der auf die Magnetbewicklung wirkenden Spannung, so können wir schreiben:

$$E = \gamma \cdot c,$$

wo γ von der Kraftlinienzahl, hier also von dem Widerstand des Stromkreises der Magnetbewicklung abhängig ist. Bei kurz geschlossenem Nebenschluss-Regulator möge das magnetische Feld so stark sein, dass bei $c = 4,17 \frac{m}{sec}$ eine elektromotorische Kraft von 550 Volt auftritt, dann ist:

$$\gamma = \frac{550}{4,17} = 132$$

der höchste Werth, den γ haben kann.

Es ist ferner:

$$J = \frac{E - V}{r},$$

wo r den Ankerwiderstand bedeutet. Derselbe sei wieder 1,1 Ohm. Da wir zwei Nebenschlussmotoren haben, welche in Parallelschaltung arbeiten, so können wir uns an deren Stelle einen Motor vom halben Ankerwiderstand $r = 0,55$ Ohm denken. Dann ist:

$$W = E \cdot J = \frac{E^2 - EV}{r} = \frac{\gamma^2 c^2 - \gamma c V}{r}$$

$$\text{also } \frac{W}{c} = \frac{\gamma^2 c - \gamma V}{r}.$$

Die oben aufgestellte Gleichung für die Beschleunigung liefert jetzt:

$$\frac{dc}{dt} = g \cdot \frac{\sigma - a}{1000} - \frac{\gamma^2 c}{r \xi G} + \frac{\gamma V}{r \xi G}$$

$$= A - Bc, \text{ wo:}$$

$$A = G \frac{\sigma - a}{1000} + \frac{\gamma V}{r \xi G} \quad \text{und} \quad B = \frac{\gamma^2}{r \xi G} \quad \text{ist.}$$

Durch Einsetzung der angenommenen Zahlenwerthe findet sich zunächst:

$$A = 18{,}13 \quad \text{und} \quad B = 4{,}53.$$

Die obige Gleichung: $\frac{dc}{dt} = A - Bc$ lässt erkennen, wieweit die Rückgewinnung von Arbeit durchgeführt werden kann. Da wir eine **Verzögerung** anstreben, für welche $\frac{dc}{dt}$ negativ ist, so muss die Rückgewinnung von Arbeit aufhören, sobald $c < \frac{A}{B}$ wird, hier also, sobald $c < 4{,}00$ m/sec wird.

Der hieraus zu erzielende Arbeitsgewinn ist sonach ausserordentlich niedrig. Die Abnahme der lebendigen Kraft beträgt nur:

$$\frac{10000}{2 \cdot 9{,}81} \, (4{,}17^2 - 4{,}00^2) = 695 \text{ mkg}$$

oder 6820 Wattsekunden. Vernachlässigen wir die auf Ueberwindung der Bahnwiderstände verbrauchte Arbeit, so ergeben sich als gewonnene Arbeit $70^0/_0$ des obigen Werthes, d. i. 4850 Wattsekunden oder 1,35 Wattstunden, also ungefähr der vierhundertste Theil der Arbeit, die zur Zurücklegung eines Wagenkilometers erforderlich ist,

Etwas günstiger liegen die Verhältnisse für die Horizontale ($\sigma = 0$), aber auch hier bleibt die bei Verminderung der Geschwindigkeit gewonnene Arbeit so gering, dass sie keiner Beachtung verdient. Der Grund liegt offenbar in dem hohen Werth von V, durch welches A hauptsächlich beeinflusst wird.

Nun ist aber beim Leitungsbetrieb die Spannung der Linie gegeben und kann nicht vermindert werden; wir müssen also bei dieser Betriebsart darauf verzichten, in der Bremsung zum Zwecke des Anhaltens eine Quelle wieder zu gewinnender Arbeit zu suchen, dagegen kann diejenige Art des Bremsens, welche nur bezweckt, eine Beschleunigung zu verhüten, also beim Fahren auf Gefällen, wie wir gesehen haben, recht beträchtliche Arbeitsmengen liefern.

Betrachten wir dagegen kurz den Akkumulatorenbetrieb. Sofern Nebenschlussmotoren mit Magneterregung unter konstanter Spannung vorliegen, kann die oben für $\dfrac{dc}{dt}$ entwickelte Gleichung ohne weiteres benutzt werden. An Stelle von V tritt dann die elektromotorische Kraft der Batterie, welche durch Umschalten vermindert werden kann. Nehmen wir z. B. an, die elektromotorische Kraft könnte durch Umschalten der Batterie in 4 parallele Reihen von 500 auf 125 Volt ermässigt werden, während die übrigen Zahlen ungeändert bleiben, so geht die kritische Geschwindigkeit $\dfrac{A}{B}$ auf 1,17 m/sec herunter. Die lebendige Kraft könnte also bis auf

$$\left(\frac{1{,}17}{4{,}17}\right)^2 \cdot 100 = \sim 8 \text{ Procent}$$

ihres Anfangswerthes ausgenützt, also eine recht beträchtliche elektrische Arbeit zurückgewonnen werden.

Es hört also die Rückgewinnung von Arbeit dann auf, wenn die kritische Geschwindigkeit erreicht ist. Die elektrische Bremsung kann aber noch fortgesetzt werden, nur müssen wir die Anker der Motoren auf einen Stromkreis schalten, der keine elektromotorische Kraft enthält, also zunächst auf einen Drahtwiderstand. Die Magneterregung entnehmen wir am besten nach wie vor der Leitung.

Der gesammte Widerstand dieses Stromkreises sei R, dann ist:

$$J = \frac{E}{R} \text{ und}$$

$$W = \frac{E^2}{R} = \frac{\gamma^2 c^2}{R} \text{ also } \frac{W}{c} = \frac{\gamma^2 c}{R}.$$

Es folgt:

$$\frac{dc}{dt} = g \cdot \frac{\sigma - \alpha}{1000} - \frac{\gamma^2 c}{R \xi G} = A_0 - B_0 c$$

$$\text{wo } A_0 = g \frac{\sigma - \alpha}{1000} \text{ und } B_0 = \frac{\gamma^2}{R \xi G} \text{ ist.}$$

Auch hier tritt die beabsichtigte Verzögerung nur ein, solange $\frac{dc}{dt}$ negativ, solange also $c > \frac{A_0}{B_0}$ ist, aber diese Grenze liegt jetzt wesentlich tiefer. Wir wollen annehmen, der Widerstand sei so bemessen, dass bei 500 Volt 100 Ampère, das Vierfache des normalen Stroms, entstehen was hier deshalb zulässig ist, weil der Vorgang sich in sehr kurzer Zeit abspielt, so ergiebt sich ein Gesammtwiderstand von 5 Ohm. Da sich nun die beiden Motoren ebenso verhalten, wie einer, der auf einen Stromkreis vom halben Widerstand arbeitet, so haben wir R = 2,5 Ohm in unsere Berechnung einzuführen und finden unter Beibehaltung der übrigen Zahlen:

$$A_0 = 0,981 \text{ und } B_0 = 1,$$

die kritische Geschwindigkeit liegt also bei 0,981 m/sec und kann bis auf 0,217 m/sec herabgesetzt werden, wenn man die Anker der Motoren kurz schliesst, wodurch B_0 wieder gleich B wird. Die mechanische Bremse ist also auf Gefällen, für welche $\sigma > \alpha$ ist, nicht zu entbehren; denn das weitere Hülfsmittel, der Gegenstrom, ist nicht absolut zuverlässig, da der Kontakt unter Umständen versagen kann.

Die Gleichung:

$$\frac{dc}{dt} = A - Bc$$

lässt sich leicht integriren und liefert:

$$t = \frac{1}{B} \cdot \log \text{ nat. } \frac{B c_1 - A}{Bc - A},$$

wo c_1 die Anfangsgeschwindigkeit und c eine nach t Sekunden erreichte geringere Geschwindigkeit bedeutet.

Nimmt man t als Abscisse und c als Ordinate, so liefert diese Gleichung eine Kurve, für welche die Abscissenaxe Asymptote ist, d. h. die Geschwindigkeit nimmt anfangs schnell, später aber sehr wenig ab. Man wird also die Umschaltung auf den besonderen Stromkreis schon bei einer Geschwindigkeit vornehmen müssen, welche erheblich über der kritischen liegt, also die Rückgewinnung von Arbeit liefert noch weniger befriedigende Ergebnisse als oben berechnet.

Die Ermittelung des Bremsweges ist, wenn die Geschwindigkeit als Function der Zeit, wie vorstehend, berechnet ist, sehr einfach, da der Bremsweg $1 = \int c\, dt$ ist. Es dürfte nach dem Vorausgegangenen klar sein, dass bei Leitungsbetrieb nur dann die wiedergewonnene Arbeit irgendwie ins Gewicht fallen kann, wenn bedeutendere Steigungen vorliegen, und es sich darum handelt, durch elektrische Bremsung eine Erhöhung der Geschwindigkeit zu verhüten. Bei Akkumulatorenbetrieb dagegen kann auch bei jeder Ermässigung der Geschwindigkeit Arbeit gewonnen werden.

Zum Umsetzen mechanischer Arbeit in elektrische eignet sich der Hauptschlussmotor ebensogut wie der Nebenschlussmotor. Dagegen bedingt ersterer eine Umschaltung der Magnetbewicklung. Aus den Betrachtungen des zweiten Kapitels kann ohne weiteres entnommen werden, dass bei gleicher Polarität der Feldmagnete und gleicher Drehrichtung der Ankerstrom des Motors die umgekehrte Richtung hat als der des Stromerzeugers. Es wird also beim Uebergang aus der Fahrstellung in die Bremsstellung stets eine Umkehrung des Ankerstroms erfolgen. Diese Umkehrung hätte aber beim Hauptschlussmotor auch eine Aenderung der Stromrichtung in der Magnetbewicklung zur Folge, wenn nicht durch Umkehren der letzteren dafür gesorgt würde, dass der Strom sie wieder in normaler Richtung durchfliesst.

Werfen wir einen Blick auf die Motorenschaltung der Allgemeinen Elektricitätsgesellschaft (Fig. 23, S. 104). Solange beim Vorwärtsfahren der Motor der Leitung Strom entnimmt, fliesst der letztere stets in der Richtung von 1 auf 2 durch den Anker und tritt dann bei $+$ C (bezw. W, wenn der Anlasser vorgeschaltet ist), in die Magnetbewicklung ein. Wird

der Motor als Stromerzeuger, d. h. als Bremse, gebraucht, so
fliesst der Strom im Anker von 2 nach 1, deshalb ist‘ in der
ersten Bremsstellung 1 mit W und 2 mit dem negativen Pol
A der Magnetbewicklung verbunden, damit die letztere in
normaler Richtung vom Strom durchflossen wird.   In der
zweiten Bremsstellung ist der Widerstand kurzgeschlossen, so
dass nur noch der Eigenwiderstand des Motors wirkt.

Eine solche Umschaltung braucht der Nebenschlussmotor
nicht, da sein Erregerstrom sich nicht mit dem Ankerstrom
umkehrt. Die Erscheinung der toten Umdrehungszahl zeigt
er aber auch; er kann also auch nicht bis zum letzten Augenblick bremsen. Nun besteht allerdings beim einen wie beim
anderen Motor die Möglichkeit, den Erregerstrom auch beim
Bremsen der Leitung zu entnehmen und den Motor dann doch
bis zum Anhalten Strom erzeugen zu lassen, doch wird· diese
Einrichtung beim Hauptschlussmotor niemals praktischen Werth
haben, weil das Opfer grösser sein würde als der Vortheil.
Indessen kann die todte Umdrehungszahl so niedrig gelegt
werden, dass dieser Vortheil des Nebenschlussmotors nicht
ins Gewicht fällt.

Dagegen besitzt der letztere einen unbestreitbaren Vorzug, sobald es sich darum handelt, einen Theil der Bremsarbeit wieder nutzbar zu machen. Die erzeugte elektrische
Arbeit kann an die Leitung oder die mitgeführte Akkumulatorenbatterie wieder zurückgegeben werden. Der Vorgang
des Umkehrens spielt sich beim Nebenschlussmotor ganz von
selbst ab. Er wirkt als Motor, wenn seine elektromotorische
Kraft kleiner ist als die der Leitung, und als Stromerzeuger
wenn das Umgekehrte eintritt, und es ist beim Uebergang vom
Stromverbraucher zum Stromerzeuger keinerlei Umschaltung
im Stromkreis nöthig. Beim Hauptschlussmotor dagegen müsste
jedesmal, wenn der Uebergang vom Motor zum Stromerzeuger
und umgekehrt erfolgt, auch eine Umschaltung von Wärter-
hand erfolgen, da sonst mit der Umkehrung des Ankerstromes
auch eine Umkehrung des Stromes in der Magnetbewicklung
verbunden wäre.

Wir haben also gesehen, dass da, wo es sich lediglich
um Bremsung handelt, keine Veranlassung vorliegt, den

Nebenschlussmotor[1]) an Stelle des Hauptschlussmotors zu setzen. Wo dagegen eine Rückgewinnung von Arbeit gewünscht wird, da ist der Hauptschlussmotor nicht brauchbar. Es wird also die Frage von Interesse sein, wie gross die wiederzugewinnende Arbeit sein kann, bezw. wieviel Procent der aufzuwendenden Arbeit durch Zurückgewinnung erspart werden können.

Untersuchen wir zunächst den einfachsten Fall der Bewegung eines Wagens auf einer schiefen Ebene von überall gleicher Steigung. Das Steigungsverhältniss ist natürlich so gross angenommen, dass bei der Thalfahrt eine Zuführung von elektrischer Arbeit nicht erforderlich wird, dass also gemäss den Entwickelungen des ersten Kapitels, $\sigma - a$ einen positiven Werth ergiebt. L ist die Weglänge, und zwar kann bei den geringen in Betracht kommenden Neigungswinkeln deren horizontale Projektion eingesetzt werden. η ist wie früher der Gesammtwirkungsgrad des stromverbrauchenden Wagens, während ξ den Gesammtwirkungsgrad darstellt, wenn der Motor als Stromerzeuger arbeitet.

Auf der Bergfahrt benöthigt der Wagen die Arbeit:

$$A_1 = f \cdot L \cdot \frac{a + \sigma}{\eta},$$

wenn f einen Werth darstellt, der das Wagengewicht und einige z. Z. nicht in Betracht kommende Konstanten enthält.

Auf der Thalfahrt kann nur die Arbeit:

$$f . L . \xi . (\sigma - a)$$

zurückgewonnen werden. Wenn also die Einrichtung des Wagens eine Rückgewinnung von Arbeit ermöglicht, so ist für eine Berg- und Thalfahrt nur aufzuwenden:

$$A_2 = fL \left(\frac{a + \sigma}{\eta} - \xi (\sigma - a) \right)$$

[1]) Die Frage der Nebenschlussmotoren ist Gegenstand verschiedener Veröffentlichungen geworden. Vergl. Elektrotechnische Zeitschrift 1897 S. 130 (Baxter), S. 259 (Luxenberg), S. 297 (Engelhardt), S. 299 (Bauch) S. 356 (Egger).

während, falls diese Möglichkeit nicht besteht, die oben be-
rechnete Arbeit A_1 erforderlich wäre. Die relative Arbeitsersparniss im Falle der Rückgewinnung ist also offenbar:

$$\frac{A_1 - A_2}{A_1} = \frac{\eta \, \xi \, (\sigma - a)}{\sigma + a} \, .$$

Es können somit bei reinem Leitungsbetrieb, für welchen
etwa $\eta = \xi = 0{,}7$ gesetzt werden kann, und für $a = 12$ und
$\sigma = 120$, $40^0/_0$ der Arbeit gespart werden, wenn die Möglichkeit der Wiedergewinnung besteht.

Wesentlich höher kann die relative Arbeitsersparniss
nicht werden. Nehmen wir z. B. unter Beibehaltung der
oben angenommenen Werthe eine Steigung von $\sigma = 250$, so
steigt der Werth $\dfrac{A_1 - A_2}{A_1}$ auf 0,445 u. s. w.

Dies bezieht sich auf den reinen Leitungsbetrieb ohne
Akkumulatoren, welcher jedoch voraussetzt, dass die wiedergewonnene Arbeit direkt verwendet werden kann, dass also
zugleich mit jedem abfahrenden Wagen ein Wagen zu Berg
fährt. Wenn dagegen eine Aufspeicherung des Stromes
nöthig ist, so ist die wiedergewonnene Arbeit geringer, weil
der Aufspeicherungsverlust eine Verminderung des Wirkungs-
grades bedeutet.

Es sei daher dem oben behandelten Fall des reinen
Leitungsbetriebs der des reinen Akkumulatorenbetriebs gegen-
übergestellt. Hier wird die bei der Thalfahrt gewonnene
Arbeit der Batterie des eigenen Wagens in Form von Ladungsarbeit zugeführt und kann also bei der Bergfahrt wieder
mitbenutzt werden.

Die Arbeit, welche für eine Bergfahrt nothwendig ist,
können wir auch jetzt durch den Ausdruck:

$$A_1 = f \cdot L \cdot \frac{a + \sigma}{\eta}$$

darstellen, nur müssen wir η jetzt so viel niedriger ansetzen,
dass es den Akkumulatorenwirkungsgrad mit einschliesst.

η muss also das Verhältniss der an den Laufrädern abgegebenen zu der an den Klemmen aufgenommenen (Ladungs-)
Arbeit sein. War also η vorher 0,7, so muss es jetzt etwa
0,53 gesetzt werden.

Wenn nun ξ seine frühere Bedeutung beibehält, so
bedeutet:

$$f.L.\xi(\sigma-a)$$

die bei der Thalfahrt wiederzugewinnende Ladungsarbeit,
und es gilt somit die obige Formel:

$$\frac{A_1-A_2}{A_1}=\eta\,\xi\,\frac{\sigma-a}{\sigma+a}$$

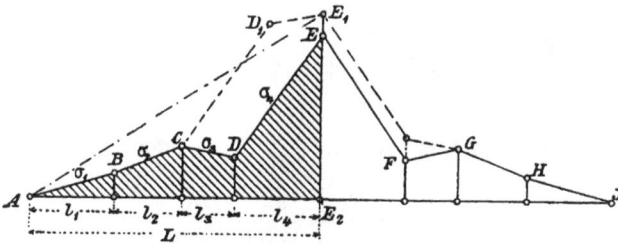

Fig. 28.

auch hier, sofern nur bei der Bemessung von η der Aufspeicherungsverlust berücksichtigt wird. Für die oben angenommenen Verhältnisse beträgt also die relative Arbeitsersparniss jetzt 30, bezw. 34,4 %.

In jedem Fall sind aber diese Zahlen aussergewöhnlich
günstig. Steigungen von 250 pro Mille werden bereits mit
Zahnstange betrieben. $\sigma = 120$ kommt zwar bei Adhäsionsbahnen vor, aber doch nur als vereinzelte Maximalsteigung,
während die mittlere Steigung, von welcher die relative
Arbeitsersparniss eine Funktion sein muss, wesentlich geringer ist.

Es fragt sich, was unter mittlerer Steigung zu verstehen
ist. Der schraffirte Theil der Fig. 28 stelle das Profil einer
Bahn in der üblichen Weise, also mit vergrössertem Höhen-

maassstab, dar. Die Einzelstrecken l_1, l_2, l_3, l_4 haben die Steigungen σ_1, σ_2, σ_3, σ_4 in pro Mille, und sei zunächst vorausgesetzt, dass auch der kleinste Werth von σ grösser ist als a. Die Strecke ist von jedem Wagen hin und zurück zu durchfahren; zeichnen wir also das Spiegelbild des Profils nebenan, so liefert der Linienzug A B C D E F G H J das Profil der Hin- und Rückfahrt. Da nun aber die Reihenfolge für den Arbeitsaufwand belanglos sein muss, so können wir uns sämmtliche Steigungen auf die Hin- und sämmtliche Senkungen auf die Rückfahrt verlegt denken und erhalten den Linienzug A B C D$_1$ E$_1$ F$_1$ G H J. Arbeit wird nun offenbar nur bis zur Erreichung des höchsten Punktes E$_1$ verbraucht, und es ist:

$$A_1 = \frac{f}{\eta}\left\{l_1(a+\sigma_1)+l_2(a+\sigma_2)+l_3(a+\sigma_3)+l_4(a+\sigma_4)\right\}$$

$$= \frac{f}{\eta}\left\{L\,a+l_1\,\sigma_1+l_2\,\sigma_2+l_3\,\sigma_3+l_4\,\sigma_4\right\}.$$

Das mittlere Steigungsverhältniss ist nun offenbar:

$$\frac{E_1\,E_2}{A\,E_2} = \frac{\sigma_m}{1000}.$$

Nun ist aber:

$$A\,E_2 = L \quad \text{und} \quad E_1\,E_2 = \frac{\sigma_1\,l_1}{1000}+\frac{\sigma_2\,l_2}{1000}+\frac{\sigma_3\,l_3}{1000}+\frac{\sigma_4\,l_4}{1000},$$

woraus folgt:

$$\sigma_1\,l_1+\sigma_2\,l_2+\sigma_3\,l_3+\sigma_4\,l_4 = \sigma_m\,L.$$

Hiernach ist:

$$A_1 = fL\cdot\frac{a+\sigma_m}{\eta}.$$

Auf der Thalfahrt kann gewonnen werden:

$$f\cdot\xi\left\{l_1(\sigma_1-a)+l_2(\sigma_2-a)+l_3(\sigma_3-a)+l_4(\sigma_4-a)\right\} = f\,\xi\,L(\sigma_m-a).$$

Es ist also:

$$A_2 = fL \cdot \frac{a + \sigma_m}{\eta} - f\xi L(\sigma_m - a) \text{ und:}$$

$$\frac{A_1 - A_2}{A_1} = \eta\xi \frac{\sigma_m - a}{\sigma_m + a}.$$

Wir haben also denselben Ausdruck erhalten, wie für die einfache Steigung, jedoch ist an Stelle von σ der oben definirte Mittelwerth σ_m getreten.

Nehmen wir nun an, es sei auf einzelnen Strecken, z. B. Strecke 1 und 2 der Werth $\sigma - a$ negativ. Dann wird auch bei der Thalfahrt auf diesen Strecken Arbeit verbraucht, und es tritt zu dem oben berechneten Werth für A_1 noch hinzu:

$$\frac{f}{\eta}\Big(l_1(a - \sigma_1) + l_2(a - \sigma_2)\Big).$$

Setzen wir $l_1 + l_2 = L'$ und $L'\sigma'_m = \sigma_1 l_1 + \sigma_2 l_2$, so bedeutet σ'_m die mittlere Steigung für diese, weniger geneigten, Strecken. Hierunter sind auch die horizontalen mit $\sigma = 0$ einzurechnen. Es wird also:

$$A_1 = \frac{f}{\eta} \cdot L(a + \sigma_m) + \frac{f}{\eta} L'(a - \sigma'_m).$$

Die wiedergewonnene Arbeit hat jetzt nur noch den Werth:

$$A_1 - A_2 = f \cdot \xi\Big\{l_3(\sigma_3 + a)l_4 + (\sigma_4 - a)\Big\}$$

$$= f\xi\Big\{l_1(\sigma_1 - a) + l_2(\sigma_2 - a) + l_3(\sigma_3 - a) + l_4(\sigma_4 - a) + l_1(a - \sigma_1) + l_2(a - \sigma_2)\Big\}$$

$$= f\xi\Big\{L(\sigma_m - a) + L'(a - \sigma'_m)\Big\}.$$

Es ist dann:

$$\frac{A_1 - A_2}{A_1} = \eta\xi \frac{L(\sigma_m - a) + L'(a - \sigma'_m)}{L(\sigma_m + a) + L'(a - \sigma'_m)}.$$

Man hat also den Mittelwerth σ_m unter Berücksichtigung aller
Steigungen, den Mittelwerth σ'_m unter Berücksichtigung nur
derjenigen Steigungen zu bilden, für welche $\sigma < a$ ist.

Das folgende Beispiel möge den Gebrauch dieser Formel
klarstellen. Die in Kolonne 1 eingetragenen Zahlen sind
Theilstrecken (in m) der Linie Schwabstrasse — Schlossplatz
— Pragfriedhof der Stuttgarter Strassenbahn.[1]) Kolonne 2
giebt die entsprechenden Steigungen in pro mille an. Kolonne 3

1	2	3	4	5
1	σ	$\dfrac{1\,\sigma}{1000}$	1	$\dfrac{1\,\sigma}{1000}$
237	32	7,59		
225	20	4,50		
173	15	2,60		
440	37	16,30		
87	7	0,61	87	0,61
362	21	7,60		
346	26	9,00		
178	32	5,70		
280	15	4,20		
258	14	3,61		
400	42	16,80		
132	4	0,53	132	0,53
436	8	3,49	436	3,49
210	50	10,50		
223	8	1,78	223	1,78
3987		94,81	878	6,41

enthält den berechneten Werth $\dfrac{1\,\sigma}{1000}$. Kolonne 4 und 5 geben

nochmals 1 und $\dfrac{1\,\sigma}{1000}$ für diejenigen Strecken, für welche $\sigma < 12$

ist. Dass diese Strecken in der Minorität sind, beweist, dass

---

[1]) Die elektrischen Strassenbahnen mit oberirdischer Stromzuführung
nach dem System der Allgemeinen Elektricitäts-Gesellschaft, Berlin, December
1896. S. 221.

wir hier eine Linie mit relativ viel Steigung vor uns haben. Es ergiebt sich hier:

$$L = 3987 \text{ m};$$

$$\frac{L\,\sigma_m}{1000} = 94{,}81$$

also: $\sigma_m = 23{,}8$ pro Mille. Ferner:

$$L' = 878 \text{ m und}$$

$$\frac{L'\,\sigma'_m}{1000} = 6{,}41 \text{ m};$$

woraus $\sigma'_m = 7{,}3$ pro Mille. Mit $\eta = \xi = 0{,}7$ und $\alpha = 12$ findet sich:

$$\frac{A_1 - A_2}{A_1} = 0{,}171,$$

während $\alpha = 9$ ergeben würde:

$$\frac{A_1 - A_2}{A_1} = 0{,}224.$$

Es würde also hier eine relative Arbeitsersparniss von 17 bis 22 Procent erzielt werden können, wenn eine Wiedergewinnung von Arbeit auf der Thalfahrt ermöglicht würde.

Aus mehreren Gründen ist aber dieses Ergebnis als ein zu günstiges aufzufassen. Zunächst entspricht das Profil der Bahn nicht etwa normalen Verhältnissen; es hat eine wesentlich höhere mittlere Steigung als andere Bahnen. So z. B. weist die $3\frac{1}{2}$ km lange Strecke Bahnhof — Steinweg der Stadtbahn-Halle[1]) eine mittlere Steigung von nur 16,1 pro Mille auf. Dabei sind auf ca. $\frac{1}{8}$ der Strecke die Steigungen geringer als 12 pro Mille, es beträgt σ'_m hier nur 5,8. Sodann berücksichtigt die obige Formel nicht den Einfluss der Kurven. Da jede Kurve einen zusätzlichen Widerstand bringt, der sowohl auf der Bergfahrt, als auch auf der Thalfahrt

---

[1]) Vgl. das erwähnte Werk der Allgemeinen Elektricitäts-Gesellschaft S. 69.

einen erhöhten Arbeitsaufwand bedingt, so wird im ersteren
Falle der Verbrauch vermehrt, im letzteren die wiedergewonnene Arbeit vermindert. Auch der Einfluss des Anfahrens findet in der entwickelten Formel keinen Ausdruck.
Das Anfahren bedingt aber auf der Berg- und Thalfahrt beim Nebenschlussmotor einen höheren Arbeitsaufwand
als beim Hauptschlussmotor. Soll also im Interesse der Rückgewinnung der Arbeit der erstere Motor an Stelle des letzteren
treten, so ist mit einem absolut höheren Aufwand A_1 zu
rechnen; wenn also auch die relative Arbeitsersparniss $\dfrac{A_1 - A_2}{A_1}$
erheblich ist, so kann unter Umständen trotzdem der Vortheil
sich in das Gegentheil umkehren.

Die vorstehenden Betrachtungen mögen gezeigt haben,
dass die Vortheile der Rückgewinnung der Arbeit sehr häufig
überschätzt werden und dass schon bedeutendere mittlere
Steigungen vorliegen müssen, wenn das Bestreben nach Wiedergewinnung von Arbeit gerechtfertigt erscheinen soll.

www.ingramcontent.com/pod-product-compliance
Lightning Source LLC
Chambersburg PA
CBHW031445180326
41458CB00002B/646